AU CŒUR DES MONDES POLAIRES

ENTRE RÉCHAUFFEMENT ET CONVOITISES

Photo de couverture
l'Antarctique, un espace dédié à la science et à la paix.

Équipe de rédaction
Corinne Bussi-Copin, Piérine Di Giacomo, Olivier Dufourneaud, Jean-Paul Fronzes

Contributeurs au sein de l'Institut océanographique
Élisabeth Baltzinger, Alexandra Bardy, Isabelle Barrès, Michèle Bruni, Céline Caron, Michel Dagnino, Catherine de la Bigne, Pierre Gilles, Jacqueline Goy, Julien Guinhut, Johana Lopez, Naïna Mouras, Éva Muller, Frédéric Pacorel, Valérie Pisani, Chloé Raymond, Bernard Reilhac, Fanny Spies, Émilie Vitale

Infographies : Claire Harquet et Caroline Pascal

Éditions Glénat
Couvent Sainte-Cécile – 37, rue Servan – 38000 Grenoble
www.glenatlivres.com

Prépresse et fabrication : Glénat Production
Suivi éditorial : Sandrine Stefaniak

Dépôt légal : février 2022
ISBN : 978-2-344-05120-7

Robert Calcagno

AU CŒUR DES MONDES POLAIRES

ENTRE RÉCHAUFFEMENT ET CONVOITISES

Institut océanographique
Fondation Albert Ier, Prince de Monaco
Glénat

SOMMAIRE

Les régions polaires tiennent une place essentielle dans mon engagement pour la préservation de l'environnement et de l'équilibre climatique de notre planète. Autant que mes responsabilités me l'ont permis, j'ai nourri cet engagement non seulement par des échanges avec les meilleurs experts, mais aussi par l'expérience du terrain.

J'ai suivi en cela la voie de mon trisaïeul, le prince Albert Ier, et, porté par ses récits, j'ai conçu un attrait particulier pour les régions polaires. Dès 1982, mon père, le prince Rainier III, organisait pour ma mère, mes sœurs et moi-même un voyage initiatique qui nous fit découvrir ces contrées. En 2005, j'ai parcouru le Svalbard, cet archipel dont l'exploration a donné à mon trisaïeul ses plus belles émotions, au cours de quatre campagnes au tournant du XXe siècle. Et c'est naturellement au Svalbard que je retournerai pour commémorer son héritage scientifique, à l'occasion du centenaire de son décès.

Grâce à des équipements et à des moyens de transport bien plus efficaces qu'il y a un siècle, j'ai pu par la suite découvrir bien plus avant les régions polaires, rallier les deux pôles et visiter de nombreuses bases scientifiques antarctiques.

À la rude beauté des paysages se mêle la conscience du changement à l'œuvre. Les contrées polaires ne sont nullement des régions enveloppées de glaces immuables, isolées des grands changements planétaires. Elles tiennent une place insoupçonnée dans les bouleversements majeurs. Alors que le trou qui s'était formé dans la couche d'ozone au-dessus de l'Antarctique commençait à peine à décroître, le monde a découvert l'ampleur encore plus inquiétante du réchauffement climatique.

J'ai été saisi de mesurer, photo de l'époque de mon trisaïeul en main, le recul de plusieurs kilomètres du glacier de Lilliehöök, l'un des plus grands du Spitzberg, pourtant à près de 80°N. Il est bouleversant d'entendre ce que les experts lisent dans les carottes de glace, à savoir que l'accumulation de CO_2 dans l'atmosphère et l'augmentation des températures sont aujourd'hui plus rapides qu'elles ne l'ont jamais été depuis un million d'années.

Cette expérience polaire a beaucoup compté pour moi et m'a conduit à créer ma fondation en 2009, en lui confiant parmi ses missions prioritaires la lutte contre le changement climatique, avec une attention particulière aux régions polaires.

Ma Fondation intervient ainsi pour soutenir la recherche, sensibiliser le public à l'importance et à la fragilité de ces régions, développer la conscience et l'action politiques au niveau international.

Car mon expérience ne saurait rester personnelle, enfouie en moi. Je souhaite rassembler, faire dialoguer les experts et les décideurs. Je souhaite aussi créer des ponts entre les grands enjeux environnementaux et humains. La complexité et l'ampleur des bouleversements actuels du climat, de la biodiversité et leurs conséquences sur la vie de millions de personnes nécessitent de développer une vision et une ambition au-delà des silos. Le lien entre Océan et changement climatique n'a par exemple été établi politiquement pour la première fois que dans le préambule de l'Accord de Paris, à la conférence de 2015 sur les changements climatiques (COP21).

Parce que je crois qu'un socle scientifique solide est nécessaire à la décision politique, Monaco a soutenu l'élaboration d'un rapport spécial du GIEC sur l'Océan et la cryosphère face au changement climatique, rendu public en 2019 et qui constitue un consensus mondial. Malheureusement, chaque nouvelle étude vient mettre à jour nos connaissances en noircissant encore plus le constat.

À partir de ce socle scientifique indiscutable, il est grand temps de développer l'action. À commencer par mettre en place, tant que ces régions sont encore relativement préservées, un régime de gestion qui protège les écosystèmes. C'est ce qui m'a amené à soutenir la création d'une vaste aire marine protégée en mer de Ross, dans l'océan Austral.
Le réchauffement climatique et ses effets sur les régions polaires concernent tous les États, même ceux qui, comme Monaco, n'ont ni territoire ni intérêts stratégiques dans ces régions. Il soulève des questions essentielles de solidarité mondiale. Les régions tropicales connaîtront le plus de difficultés, à commencer par les petits États insulaires en développement, qui dépendent beaucoup de la mer. Le réchauffement de l'Océan entraînera la dégradation de nombreux récifs coralliens et la migration de poissons vers les eaux plus tempérées, pendant que la fonte des calottes glaciaires alimentera la hausse du niveau de la mer.

Lors d'un voyage au Spitzberg, en 2005, sur les traces de son trisaïeul, le prince Albert Ier, Albert II de Monaco constate le recul du glacier Lilliehöök.

L'Arctique subit les impacts du réchauffement climatique deux fois plus accentué que le reste de la planète. Ici, la Terre de Baffin (à gauche) et le Groenland (à droite), qui se situent en grande partie au-delà du cercle arctique.

Pendant ce temps, pour les régions polaires, Arctique en tête, le champ des possibles semble s'ouvrir à mesure que l'Océan se libère des glaces. Le réchauffement devrait accroître la productivité et faciliter l'accès aux ressources, au détriment toutefois des espèces adaptées au froid. Qu'en ferons-nous ? Ces territoires subiront-ils à leur tour la cupidité et les excès ? La question est évidemment largement entre les mains des pays arctiques, mais elle intéresse la terre entière.

L'Institut océanographique m'avait déjà donné l'occasion de partager mon expérience polaire. Aujourd'hui, alors que les connaissances se sont précisées et que le bouleversement climatique s'est encore accéléré, il m'apparaît essentiel de remettre ces régions en lumière. Les contrées polaires ne sont pas qu'un terrain d'aventure, le domaine des scientifiques ou une nouvelle destination touristique. Elles sont le laboratoire de l'avenir de notre planète face au réchauffement rapide, les derniers grands espaces où se pose la question du modèle de développement que nous souhaitons suivre, entre exploitation et préservation des écosystèmes. Elles sont à la croisée des défis à différentes échelles, pour leur valeur propre et les peuples qu'elles abritent, comme pour leur place dans les grands équilibres planétaires.

J'espère que l'émotion suscitée par la beauté des régions polaires, alliée à la connaissance de leur rôle essentiel à l'échelle du globe, conduiront l'Humanité à les considérer avec respect et précaution.

S.A.S. le Prince Albert II de Monaco

L'AVENIR DES PÔLES EST AUSSI LE NÔTRE

Les mondes polaires n'ont cessé d'attiser notre curiosité et notre imaginaire. Qui n'a jamais rêvé de suivre, dans l'immensité blanche et vaporeuse, la trace d'explorateurs illustres, de s'identifier un instant au Britannique James Clark Ross, au Français Jean-Baptiste Charcot, ou encore au Norvégien Roald Amundsen ?

À compter du XIXe siècle, ces pionniers, aventuriers curieux et souvent érudits, se sont lancés à la découverte des pôles. À une époque où l'assistance rapide en cas d'accident n'était pas envisageable, ils ont pris tous les risques. Le récit de leurs exploits, de leurs souffrances, et parfois de leur fin tragique, a contribué à forger la fascination pour ces terres hostiles. Leur épopée a marqué ultérieurement nombre de scientifiques, les incitant à investir à partir du siècle dernier cette *terra incognita*, dans des conditions matérielles plus confortables et sécurisées, quoique toujours dangereuses.

Paysage de glace à l'approche de Nordaustlandet (« Terre du Nord-Est », en français), une île du Svalbard (Norvège).

Iceberg sur la mer de Weddell, partie de l'océan Austral faisant face à l'Atlantique.

Grâce à la multiplication des missions au pôle Nord et à l'installation de bases fixes en Antarctique, les données scientifiques affluent depuis les années 1950. Transformant peu à peu les pôles en véritable laboratoire, les chercheurs ont d'abord étudié les cultures millénaires des peuples de l'Arctique, des espèces animales aussi emblématiques que l'ours blanc au nord et les manchots au sud. Ils se sont intéressés aux extraordinaires capacités d'adaptation des écosystèmes inféodés à ces milieux extrêmes. Désormais, ils doivent évaluer les graves dangers qui menacent ces contrées particulièrement fragiles, en première ligne face au réchauffement climatique, avec l'augmentation plus rapide qu'ailleurs de la température de l'air et la fonte accélérée des glaces. Les enjeux sont majeurs, pour ces zones uniques comme pour l'ensemble de la planète.
En jouant un rôle clé dans la régulation des différents climats, les pôles contribuent à la vie sur Terre dans des conditions acceptables. Leur avenir préfigure donc le nôtre. C'est dire l'importance des orientations à mettre en place, en accord avec les peuples de l'Arctique qui alertent, jusqu'ici en vain, sur la dégradation de leurs conditions d'existence. Devra-t-on, au nom de la croissance économique et de la liberté d'entreprendre, exploiter sans frein les abondantes richesses du sous-sol, accroissant les pollutions et le réchauffement, ou alors tenter d'imposer un développement plus respectueux de l'environnement ? Devra-t-on sanctuariser les régions polaires ou les ouvrir à un tourisme raisonné ? Une seule certitude à ce stade : l'heure n'est plus aux tergiversations.

DEUX MONDES DISSEMBLABLES

Situés à 20 000 km de distance, Arctique et Antarctique sont deux mondes dissemblables. Le premier, au nord, est constitué en grande partie d'une banquise, de la glace d'eau de mer, d'une superficie moyenne d'une dizaine de millions de kilomètres carrés, flottant sur l'océan éponyme. Au sud, l'Antarctique se compose essentiellement d'un immense continent recouvert d'une calotte glaciaire issue de chutes de neige.

Pour les géographes, l'Arctique se situe au-delà du cercle polaire, et donc du 66e degré de latitude nord, là où le soleil ne se couche pas lors du solstice d'été. Outre la banquise, habitat de l'ours blanc, l'Arctique comprend des terres habitées, comme une grande partie du Groenland, de la Laponie, du Grand Nord russe et canadien, de l'Alaska, qui appartient aux États-Unis. Sur ces sols gelés en profondeur, les arbres ne poussent plus.

À l'autre bout du globe, l'Antarctique, continent le plus froid de la planète, s'étend sur 14 millions de kilomètres carrés et est recouvert d'une couche de glace d'une épaisseur moyenne de 1 600 m. Sur cette calotte inhospitalière, appelée « inlandsis », la faune et la flore sont quasiment absentes. Sur les côtes, en revanche, et dans l'océan qui encercle l'inlandsis, la vie abonde, avec notamment une quarantaine d'espèces d'oiseaux, trois cents espèces de poissons, des phoques et des manchots. Inhabité, l'Antarctique accueille néanmoins quarante-quatre bases scientifiques permanentes, abritant un millier de chercheurs d'une dizaine de nationalités, remplacés régulièrement par rotations.

Cette représentation de la Terre selon la projection transverse de Mercator montre que l'océan mondial connecte tous les continents.

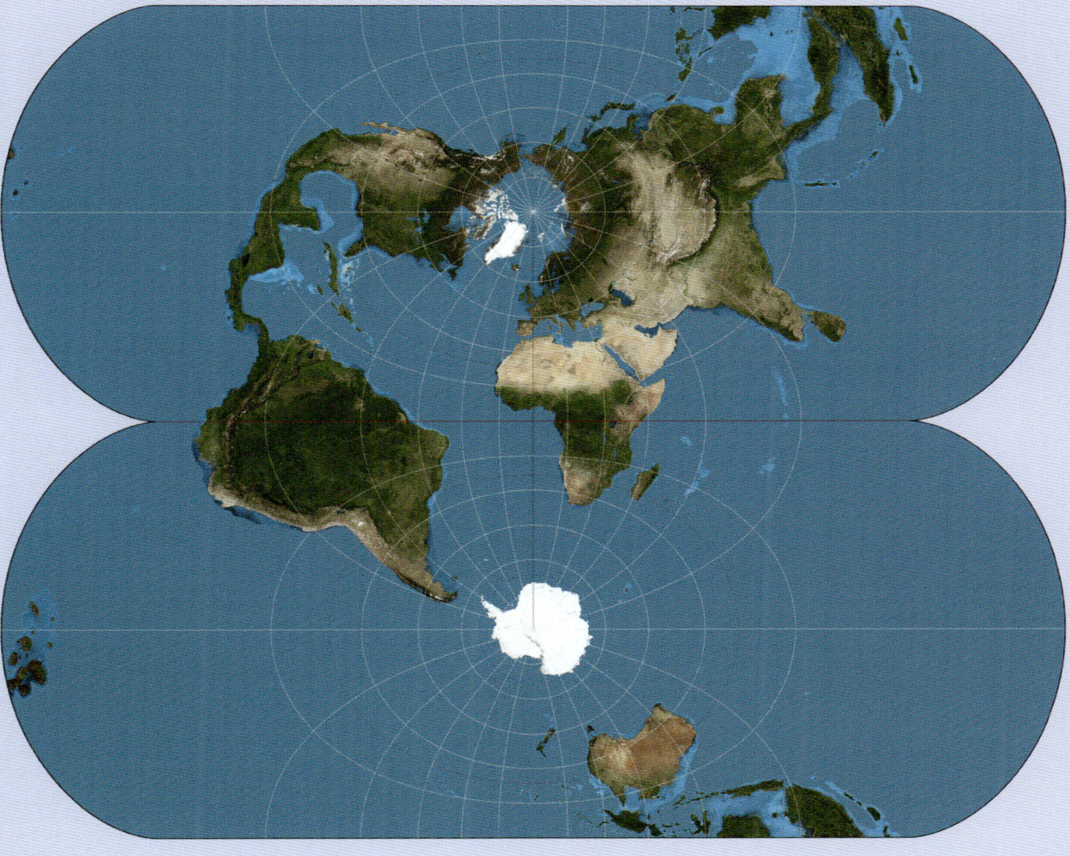

LA DÉCOUVERTE DES **PÔLES**

Immensités glacées, froid mordant et nuits sans fin. Affrontant sans expérience ni réelle préparation ces conditions extrêmes, les Européens mettent plusieurs siècles pour atteindre les pôles. Mais avant d'accéder à ce Graal, ils doivent s'en approcher, naviguer toujours plus loin dans l'inconnu, survivre aux tempêtes, éviter les icebergs, franchir les quarantièmes rugissants, les cinquantièmes hurlants et les soixantièmes déferlants.

Le détachement d'un bloc de glace appartenant à un glacier s'appelle un « vêlage » (ici, vêlage du glacier de l'Éternité, au Groenland).

LA LENTE APPROCHE DES EXTRÊMES

Selon l'hémisphère, les motivations divergent. Au nord, celles-ci sont majoritairement politiques et économiques. Les souverains britanniques, hollandais ou encore suédois commanditent des expéditions pour conquérir des territoires, développer le commerce et accroître leur puissance. Au sud, longtemps à l'écart des convoitises des puissants, les initiatives sont essentiellement individuelles. Les candidats à la postérité satisfont leur curiosité géographique ou scientifique, ils ont soif d'aventure, d'adrénaline et de notoriété.

À LA RECHERCHE DE NOUVELLES ROUTES

Dès le XVIe siècle, une partie du monde maritime européen recherche à l'extrême nord de nouvelles routes commerciales pour atteindre l'Orient. Plus courtes en termes de navigation, celles-ci permettraient en outre d'éviter les Portugais et les Espagnols, maîtres des voies méridionales. Mais il faut attendre la fin du XIXe siècle pour un premier passage réussi

L'explorateur finlandais Adolf Erik Nordenskiöld est le premier à avoir traversé l'océan Arctique par le passage du Nord-Est (tableau de Georg Von Rosen, 1886).

par le nord-est, en longeant la côte norvégienne, puis russe, jusqu'au Pacifique. Durant l'été 1878, l'explorateur finlandais Adolf Erik Nordenskiöld s'engage à bord de la *Vega*, un baleinier de 45 m renforcé et équipé d'une machine à vapeur. Partie le 4 juillet de Göteborg, en Suède, la *Vega* atteint la péninsule de Taïmyr, en Sibérie centrale, poursuit vers l'est, avant de se retrouver bloquée par les glaces le 27 septembre au cap Chelagski, à seulement deux jours de navigation des eaux libres du Pacifique. Voilà le navire obligé d'hiverner sur place pendant dix mois. Cette pause forcée est mise à profit pour nouer des contacts avec des tribus tchouktches et réaliser un dictionnaire de leur langue. La *Vega* est libérée des glaces le 18 juillet 1879, et Nordenskiöld rallie le détroit de Béring, pour arriver le 2 septembre à Yokohama, au Japon.

Côté nord-ouest, le passage par le littoral nord-américain fait l'objet durant trois siècles de tentatives infructueuses, causant naufrages et pertes humaines. En 1906, le Norvégien Roald Amundsen y parvient enfin, au terme d'un périple de trois ans sur un bateau de pêche. Hélas, sa route n'est pas praticable pour la marine marchande, certains tronçons étant trop peu profonds.

Champ de glace de mer (banquise) sur la côte est du Groenland.

TRAJETS MYTHIQUES EN ARCTIQUE

1878-1879 En longeant la côte norvégienne, puis russe, Adolf Erik Nordenskiöld, explorateur finlandais à bord de la *Vega*, est le premier à réussir le passage du Nord-Est.

1879-1884 Parti en 1879, le capitaine George Washington DeLong disparaît avec la *Jeannette*, dont l'épave a été retrouvée en 1884.

1893-1896 Fridtjof Nansen, explorateur norvégien, dérive volontairement à bord du *Fram*, pris dans les glaces.

1906 Roald Amundsen, explorateur norvégien, parvient, au terme d'un périple de trois ans sur un bateau de pêche, à franchir le passage du Nord-Ouest.

1958 Le sous-marin américain, USS *Nautilus*, traverse tout l'océan Arctique, du Pacifique vers l'Atlantique, en passant sous le pôle Nord.

2006-2008 S'inspirant de la dérive du *Fram*, la goélette française *Tara* se laisse prendre par les glaces et frôle le pôle Nord.

2019-2020 L'expédition MOSAIC, à bord du *Polarstern*, étudie le système climatique arctique dans un océan presque libéré des glaces.

LE MYTHE DE LA *TERRA AUSTRALIS*

De l'autre côté du globe, les intérêts sont différents. Il s'agit, pour quelques intrépides, de confirmer l'existence de la *terra australis incognita*, un continent mythique censé depuis le pôle Sud « équilibrer » la planète, contrebalancer – croit-on depuis Aristote, le célèbre philosophe grec – le poids des terres de l'hémisphère Nord.

En 1616, deux navigateurs néerlandais, Willem Schouten et Jacob Le Maire, franchissent pour la première fois le cap Horn, avant de poursuivre vers les îles Tonga. En 1738, un explorateur français, Jean-Baptiste Charles Bouvet de Lozier, quitte Lorient à destination de cette *terra australis* que l'on espère tempérée. Le 1er janvier 1739, il aperçoit à travers une épaisse brume un glacier et de la neige recouvrant une terre. Sans pouvoir y débarquer. S'il n'est pas encore en Antarctique, il n'en est pas loin. De retour en Bretagne, Bouvet de Lozier livre les premières descriptions de gigantesques icebergs tabulaires, spécifiques à ces latitudes. Il est considéré comme le premier marin antarctique.

Trente-quatre ans plus tard, lors d'un tour du monde, l'explorateur et cartographe britannique James Cook franchit le cercle polaire antarctique, découvre quelques îles, mais ne peut aller plus au sud. Lors de deux autres tentatives, il n'aperçoit pas davantage le continent. Celui-ci aurait été observé en 1820 pour la première fois par deux navigateurs au service de la flotte impériale russe, Mikhaïl Lazarev et Fabian Gottlieb von Bellingshausen. L'année suivante, John Davies, capitaine américain d'un bateau armé pour la chasse aux phoques, est le premier à fouler l'Antarctique.

DÉRIVER DANS LES GLACES

Pour s'approcher au plus près du pôle Nord, pourquoi ne pas se laisser porter par des courants favorables ? Sans le vouloir, en 1879, l'Américain George Washington DeLong inaugure une méthode qui va faire des

Ci-dessus
Carte d'Abraham Ortelius, cartographe et géographe anversois, imaginant la *terra australis* en 1570 dans l'atlas *Theatrum orbis terrarum*.

Au milieu
Vue du cap Horn, franchi en 1616 par deux navigateurs néerlandais, Willem Schouten et Jacob Le Maire.

En haut
Glacier dans le détroit de Gerlache, péninsule Antarctique.

émules. Parti de San Francisco, son bateau, la *Jeannette*, ne trouve pas le passage espéré vers le pôle, mais il est pris dans la banquise. Il dérive pendant deux ans et finit par couler en 1881 au large de la Sibérie, écrasé par la pression des glaces.

Trois ans plus tard, des débris de la *Jeannette* apparaissent sur une côte du Groenland à plusieurs milliers de kilomètres du naufrage. Ils ont été emportés par le puissant courant entraînant d'est en ouest les glaces de l'Arctique. Cette découverte passionne l'explorateur Fridtjof Nansen. Tirant les leçons de l'échec de la *Jeannette*, le Norvégien conçoit le *Fram*, un trois-mâts à fond presque plat, capable d'être soulevé par la banquise et non broyé. Parti en 1893 sur les traces de DeLong, Nansen entame une interminable dérive. Piaffant d'impatience, il change de stratégie à 660 km du pôle Nord, décide de le rejoindre en traîneau et à skis. Bien qu'échouant dans cet ultime défi, il dépasse en 1895 la latitude de 86 degrés, ce qui lui vaut une renommée internationale.

L'épopée du *Fram* a un grand retentissement. Elle va inspirer jusqu'à nos jours des explorations scientifiques, qui à leur tour se laissent dériver sur la banquise arctique pour mieux en comprendre le fonctionnement, comme la goélette française *Tara*, soutenue par la Fondation Prince Albert II de Monaco, qui se laissa prendre par les glaces de septembre 2006 à janvier 2008. Pendant 507 jours, l'équipage multiplie à son bord les relevés, visant à anticiper les conséquences du changement climatique et de la fonte de la banquise.

Suit l'expédition MOSAIC, réunissant cinq cents experts de vingt pays sur le *Polarstern*, brise-glace allemand. Outre une moisson de mesures, la mission réalise, cent cinquante ans après, le rêve de DeLong. Au cœur de l'été, le 19 août 2020, le *Polarstern* approche le pôle Nord, après avoir navigué pratiquement jusqu'au bout dans des eaux libres de glace. Cependant, personne n'a le cœur à fêter un tel événement, tant celui-ci illustre la gravité de la situation en Arctique : la disparition accélérée de la banquise en été, sous l'effet du réchauffement.

Ci-dessus
Condamné, le navire d'exploration la *Jeannette* est abandonné par son équipage en 1881 (*Abandoning the "Jeannette"*, tableau de James G. Tyler, 1883).

Page de droite, en haut
Le 14 mars 1895, l'explorateur norvégien Fridtjof Nansen se prépare à quitter le *Fram* pour entamer son voyage en traîneau vers le pôle Nord.

En bas
De septembre 2019 à septembre 2020, l'expédition MOSAIC, à bord du *Polarstern*, a étudié le système climatique arctique dans un océan presque libéré des glaces.

À L'ASSAUT DES DERNIÈRES ZONES BLANCHES

Au début du XXe siècle, la conquête des pôles devient un enjeu entre grandes puissances. Au nord, elle se termine dans la controverse et une incertitude qui persiste de nos jours sur l'identité du gagnant. Au sud, elle met aux prises deux grands noms de l'exploration engagés dans une compétition longtemps indécise. Sur le chemin du retour, l'un d'eux ne survit pas à une tempête.

Page de droite
Le 16 avril 2006, le prince Albert II de Monaco réalise le rêve de son trisaïeul, le prince Albert Ier, en ralliant le pôle Nord en traîneau à chiens après quatre jours d'efforts.

Ci-dessous
Champ de glace de mer à l'approche du Svalbard.

QUI A RÉELLEMENT VAINCU LE PÔLE NORD ?

À l'issue de sa huitième expédition, l'Américain Robert Peary annonce avoir atteint le pôle Nord le 6 avril 1909 en traîneau à chiens. Mais dès son retour au pays, il ne peut éviter la polémique avec un compatriote, Frederick Cook, qui prétend y être parvenu un an plus tôt. Faute à l'époque d'outils techniques permettant de trancher, le Congrès des États-Unis déclare Peary vainqueur, sans lever tous les doutes. Une récente relecture de son carnet de bord suggère que le pôle aurait seulement été approché d'une trentaine de kilomètres.

Si des historiens mettent en cause également la version de Cook, d'autres relatent l'expédition Sever-2, menée par Aleksandr Kuznetsov, qui aurait atterri avec trois avions au pôle même, le 23 avril 1948. Peu de témoignages sur cette expédition tenue secrète, qui donne comme réel pionnier l'Américain Ralph Plaisted : en avril 1968, ce courtier d'assurances rallie le pôle à l'issue d'un périple de 1330 km en motoneige. Arrivé au but, il est survolé par un avion de l'US Air Force, ce qui ne permet aucune contestation.

Un an plus tard, le Britannique Wally Herbert inscrit son nom au palmarès, cette fois en traîneau à chiens. En mai 1986, l'explorateur français Jean-Louis Étienne s'y rend en solitaire, à skis, tirant lui-même son traîneau pendant deux mois. Vingt ans plus tard, S.A.S. le prince Albert II devient le premier chef d'État à fouler le pôle Nord, après 120 km en traîneau à chiens à partir de la base russe de Barneo. Le souverain rend ainsi hommage à son trisaïeul, le prince Albert Ier de Monaco, à l'initiative de quatre campagnes d'exploration arctique, de 1898 à 1907.

LA COURSE AU PÔLE NORD

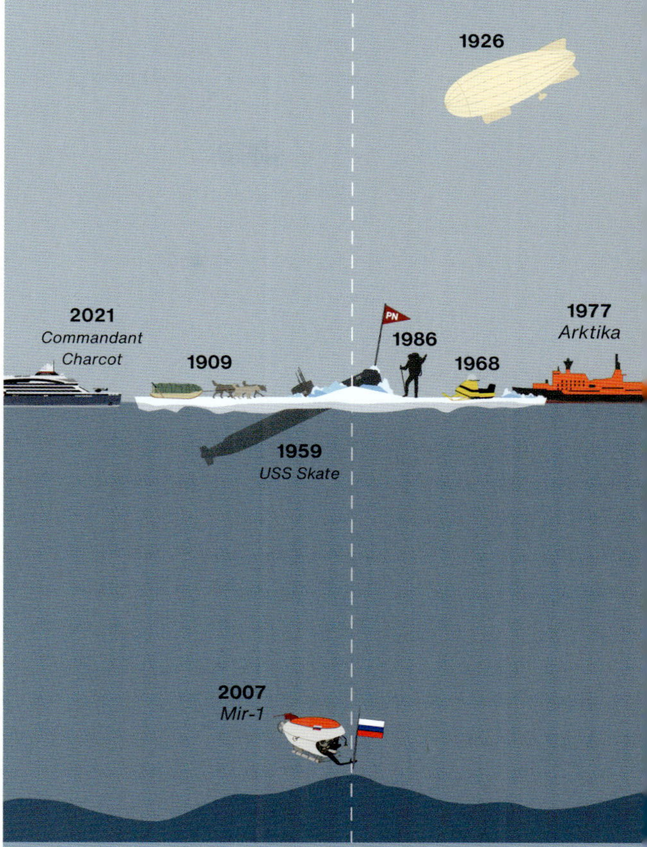

1909 Robert Peary, explorateur américain, traverse la banquise pour atteindre le pôle Nord.

1926 Roald Amundsen, explorateur norvégien, survole le pôle Nord en ballon.

1959 Le sous-marin américain USS *Skate* plonge en Arctique et refait surface au pôle Nord.

1968 L'Américain Ralph Plaisted rallie le pôle Nord à l'issue d'un périple de 1 330 km en motoneige.

1977 Le brise-glace nucléaire soviétique *Arktika* est le premier navire de surface à atteindre le pôle Nord.

1986 Jean-Louis Étienne, explorateur et médecin français, atteint le pôle Nord en tirant seul son traîneau.

2007 L'équipage russe de l'*Akademik Fyodorov*, accompagné de Frederik Paulsen, plante (à l'aide du sous-marin de poche *Mir-1*) un drapeau russe à 4 200 m de profondeur, à la verticale du pôle Nord, sur la dorsale de Lomonossov.

2021 Le *Commandant Charcot*, navire de croisière de la Compagnie du Ponant, amène des touristes au pôle Nord.

LE PRINCE ALBERT IER AU SPITZBERG[1]

« Les navigateurs qui ont montré sur les mers arctiques la puissance de leur nature, sont devenus pour moi des héros à mesure que le caractère de ces régions captivait mon esprit. J'aime le cœur simple, l'œil clair, la voix calme des Scandinaves dont l'âme naïve ignore les artifices dans la recherche du bonheur.

J'aime le Nord dont les séductions entraînent les hommes loin des œuvres d'injustice et de cupidité, vers les gloires très pures, filles de l'esprit scientifique.

J'aime le Nord où les yeux peuvent se baigner dans une atmosphère limpide, comme dans une source de vérité.

J'aime la lutte contre toutes les forces des mers que fouette un vent purifié par la neige : l'âme en revient plus fière et plus généreuse.

J'aime le Nord parce que la mort y passe avec la dignité du silence, et qu'elle ensevelit doucement dans le cristal des champs de glace les êtres meurtris par les mensonges du monde.»

Le prince Albert Ier de Monaco (1848-1922) a marqué les débuts de l'océanographie. Associant une passion précoce pour la navigation et le commandement de navire à ses relations avec la communauté scientifique française, il entreprend à partir de 1885 de mener ses propres campagnes océanographiques. Il en dirigera vingt-huit jusqu'en 1915, sur quatre navires, dont trois qu'il conçoit, fait construire et équiper spécialement. Il ne sera arrêté que par le premier conflit mondial, à son grand désespoir, car il était convaincu que la science ouvre la voie au progrès, à de meilleures conditions de vie pour l'humanité et à la disparition des conflits.

Très jeune, le prince Albert Ier cultive, par ses lectures, une fascination pour l'exploration polaire. Et lorsque son œuvre prend son essor, l'Arctique devient une destination naturelle, alors qu'il s'apprête, en 1898, à lancer la construction du Musée océanographique de Monaco, un « temple de la mer » qui permettra de faire rayonner les sciences de l'Océan et de partager les méthodes et les résultats de ses campagnes avec la communauté scientifique internationale, les hauts dignitaires et un large public.

Le Svalbard, archipel situé au nord de la Norvège (à laquelle il est rattaché depuis 1920), est sa première destination polaire. En 1898, il s'y rend sur son troisième navire, la *Princesse-Alice II*, un deux-mâts qui aura la réputation d'être le meilleur navire océanographique de son époque. Mesurant 73 m, équipé de trois laboratoires, de l'électricité et d'un treuil, il permettra de mener des opérations jusqu'à plus de 6 000 m de fond. Le prince Albert Ier retourne au Spitzberg en 1899, 1906 et 1907, contribuant à la cartographie marine et terrestre de territoires encore largement inconnus. Privilège des pionniers, les équipes qui accompagnent le prince lors de ces campagnes sont passées à la postérité en donnant leur nom à des glaciers, sommets ou lacs.

Outre les relevés hydrographiques, l'équipe multiplie les dragages pour étudier la faune benthique et les fonds sous-marins. Des cerfs-volants, remplacés par des ballons-sondes, permettent l'étude de l'atmosphère au-dessus de la mer.

Lors de sa première expédition, la *Princesse-Alice II* dépasse 80 degrés nord, avant de buter sur la banquise, dans laquelle elle n'est pas conçue pour s'aventurer :

« Malgré la séduction des ours et des morses qui vivent sur la banquise ou près d'elle, j'ai observé une grande prudence ; et pendant deux jours je me suis tenu à la limite de ces glaces pour pratiquer des sondages et des dragages. Mais j'avoue que ma pensée errait plus loin, attirée par le Nord, par le sphinx polaire qui propose aussi des énigmes et dévore les passants.»

En 1899, dans la baie Red (Raudfjorden), à l'extrême nord du Spitzberg, le navire s'échoue sur un haut-fond. Le prince fait alors établir un camp à terre et décharger au maximum le navire. Il faudra cinq jours et l'aide d'une plus grande marée pour se dégager. Deux mille quatre cents sondages seront réalisés dans la baie, sans trouver d'autre haut-fond !

Le prince a beaucoup documenté les glaciers du Spitzberg, grâce aux tableaux peints par les artistes embarqués et aux nombreuses photographies localisées avec précision. Ces archives permettent d'apprécier aujourd'hui l'ampleur du recul des glaciers en un siècle, du fait du réchauffement planétaire, plus rapide en Arctique que partout ailleurs.

« Mon premier voyage aux régions polaires se termine ici ; jamais je n'avais fait une navigation aussi émouvante, jamais je n'avais sondé si loin dans la nature humaine.»

1. Les citations sont extraites de l'ouvrage *La Carrière d'un navigateur*, écrit par le prince Albert Ier et publié pour la première fois en 1902.

En août 1906, menée par le prince Albert Ier de Monaco, la mission Isachsen, engagée sur un glacier, franchit un pont de glace (tableau de Louis Tinayre, 1906).

Ci-dessus
En 1907, lors de la quatrième expédition du prince Albert Ier de Monaco au Spitzberg, Louis Tinayre peint le glacier de Safe Harbour (nommé aujourd'hui Trygghamna), sur la côte Nord de l'Isfjorden.

Ci-contre
En 1906, rencontre au Spitzberg entre le prince Albert Ier de Monaco et Walter Wellman, journaliste, explorateur et aéronaute américain, qui a tenté à plusieurs reprises de rejoindre le pôle Nord en dirigeable, sans succès.

Le recul du glacier Lilliehöök, dans le nord-ouest du Spitzberg, entre 1906 et 2005.

EN ROUTE VERS LE PÔLE SUD

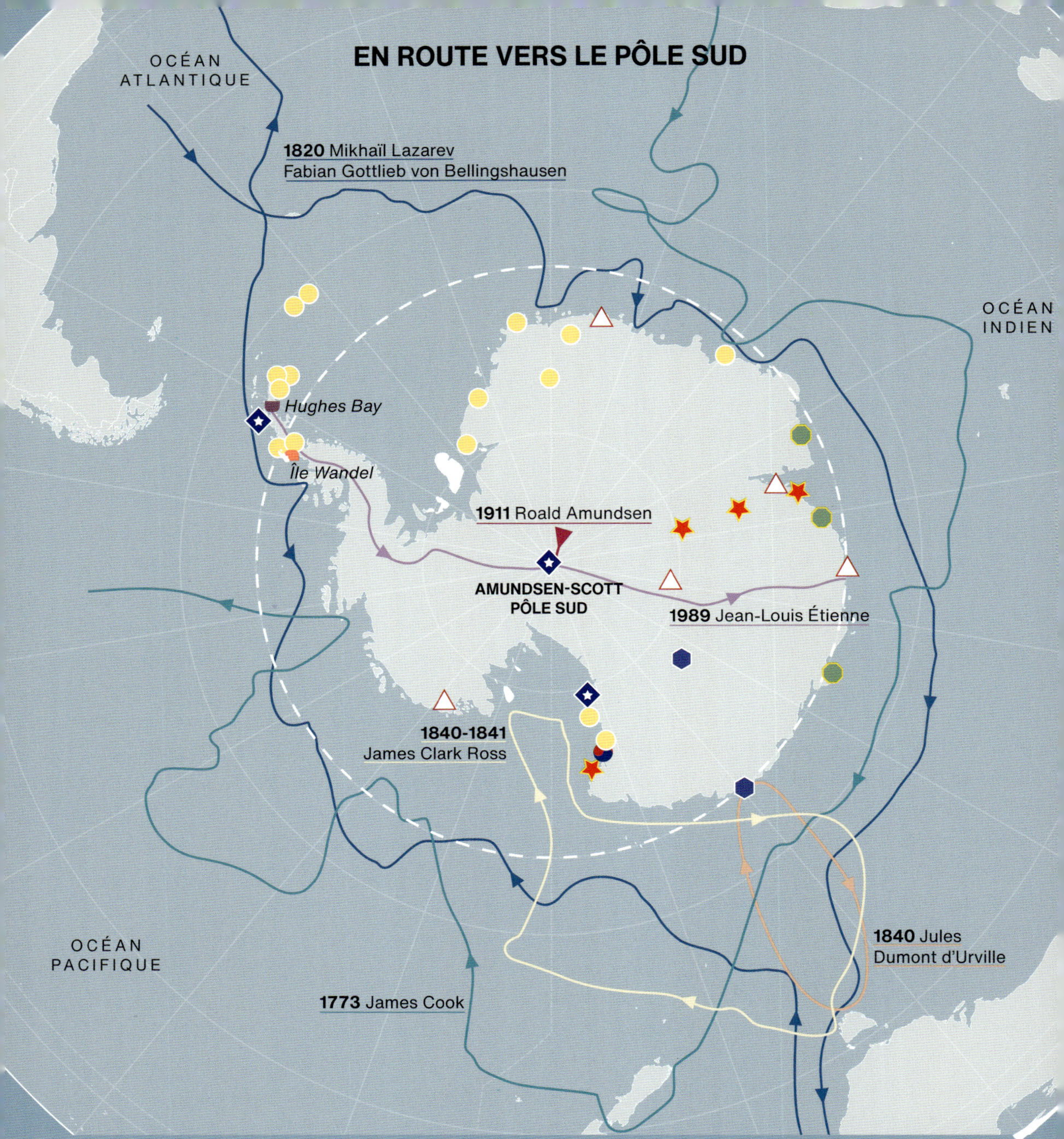

1773 James Cook franchit le cercle polaire antarctique.

1820 Mikhaïl Lazarev et Fabian Gottlieb von Bellingshausen aperçoivent les premiers le continent antarctique.

1821 John Davies a été le premier à toucher terre à Hughes Bay.

1840 Jules Dumont d'Urville prend possession d'une partie du continent antarctique.

1840-1841 L'expédition britannique dirigée par James Clark Ross est stoppée à 77° 10' Sud.

1904 Jean-Baptiste Charcot hiverne avec le *Français* sur l'île Wandel.

1911 Roald Amundsen atteint le pôle Sud, un mois avant Robert Scott.

À partir de 1956, les premières bases scientifiques voient le jour sur le continent antarctique, dynamisées par l'Année de géophysique internationale (1957-1958).

- stations américaines
- stations russes
- stations chinoises
- stations françaises
- stations australiennes
- stations sud-coréennes
- autres stations permanentes (liste non exhaustive)

1989 Jean-Louis Étienne traverse l'Antarctique à pied, aidé par trente-six chiens de traîneau.

COURSE DE VITESSE AU PÔLE SUD

Hormis quelques explorateurs en quête de la *terra australis*, l'Antarctique tarde à intéresser les nations occidentales. Il semble trop isolé, trop hostile, et surtout, pense-t-on, démuni de ressources naturelles, et donc sans aucun intérêt. Au sujet du projet d'exploration de l'officier de marine Jules Dumont d'Urville, François Arago, astronome, physicien et homme d'État français, déclame à la Chambre des députés le 5 juin 1837 : « *C'est donc un voyage de pure curiosité ; les gens sensés n'entreprennent pas des voyages dangereux, quand il n'y a rien à attendre pour les sciences et pour le commerce.* »

L'explorateur ne se décourage pas. En 1840, il prend possession au nom de la France d'une petite fraction du continent, qu'il appelle terre Adélie en hommage à sa femme, Adèle.

Cette relative indifférence de l'Occident cesse à la fin du XIXe siècle, lorsque l'Antarctique apparaît comme l'ultime terre à conquérir. Son exploration à grande échelle est décidée en 1895 lors du Congrès international de géographie, qui se tient à Londres. Parmi plusieurs missions, l'une, allemande (1901-1903), conduite par Erich von Drygalski à bord du *Gauss*, parcourt une région encore inconnue au sud des îles Kerguelen. L'autre, britannique (1901-1904), menée par Robert Falcon Scott à partir du *Discovery*, parvient en traîneaux à chiens jusqu'à plus de 82 degrés de latitude sud, établissant un nouveau record.

Le pôle Sud est encore loin. Sa conquête va voir s'affronter deux légendes de l'exploration, le Norvégien Roald Amundsen et le Britannique Robert Scott. Les deux rivaux, qui s'épient, engagent une course de vitesse. Mieux préparé, peut-être aidé par un meilleur itinéraire et des conditions météorologiques plus clémentes, Amundsen atteint le pôle le 14 décembre 1911. Un mois avant Scott, qui, sur place, constate avec amertume sa défaite et entame un retour cauchemardesque. L'explorateur anglais et ses hommes périssent de froid et de faim au pied de la dernière difficulté, la barrière de Ross, la plus grande barrière de glace du continent. Avant de mourir, fin mars 1912, Scott écrit une lettre destinée à fournir au peuple britannique sa version de l'échec de l'expédition. Le courrier et les corps sont retrouvés huit mois plus tard par une équipe de recherche.

Pour son expédition en Antarctique (1910-1912), grâce à son expérience acquise auprès des Inuits lors de son séjour en Arctique, Roald Amundsen utilise des vêtements en fourrure et des chiens de traîneau.

Robert Scott (au centre), en compagnie d'Ernest Shackleton (à gauche) et du docteur Edward Wilson (à droite), en 1902, lors de l'expédition britannique en Antarctique.

tara

UN ENTREPRENEUR PASSIONNÉ AU SERVICE DES PÔLES

Témoignage de Frederik Paulsen, explorateur

« *D'où vient l'étrange attirance de ces régions polaires, si puissante, si tenace, qu'après en être revenu on oublie les fatigues, morales et physiques pour ne songer qu'à retourner vers elles ? D'où vient le charme inouï de ces contrées pourtant désertes et terrifiantes ?* » J'aurais pu faire mienne cette interrogation lancée par l'explorateur français Jean-Baptiste Charcot à son retour d'Antarctique, en 1905. Voilà bientôt vingt ans que j'ai découvert, au cours d'une expédition au pôle Nord géographique, cet univers unique. Aujourd'hui, ces régions sont certes moins désertes et moins terrifiantes, mais s'avèrent extrêmement fragiles.

En les parcourant, en Arctique comme en Antarctique, j'ai eu la chance de rencontrer de nombreux scientifiques, toujours enclins à faire partager leur sujet d'étude et leurs préoccupations sur l'évolution rapide de l'écosystème qu'ils étudient. Très vite, j'ai souhaité organiser des expéditions qui les accueilleraient afin qu'ils puissent profiter de notre logistique tout en nous nourrissant de leur savoir.

Les nouvelles qui nous parviennent des hautes latitudes et celles liées aux hautes altitudes ne sont pas très réjouissantes : banquise et barrières de glaces qui se délitent, fonte de la calotte groenlandaise et du pergélisol, disparition programmée des glaciers, course effrénée à l'exploitation des ressources fossiles, les sujets d'inquiétude ne manquent pas. La création d'une nouvelle aire marine protégée en mer de Ross, initiative dont le prince Albert II a été l'un des artisans majeurs, ou encore l'Accord de Paris sur le climat ont amené un peu d'optimisme face à cette triste litanie. L'enjeu est trop important pour baisser les bras et laisser ces domaines aux seuls pouvoirs étatiques. La société civile doit s'impliquer davantage et s'engager plus fortement.

En créant South Georgia Heritage Trust, nous sommes parvenus à éliminer en sept ans tous les rats présents depuis un siècle sur l'île subantarctique de Géorgie du Sud. Cette campagne d'éradication, la plus grande jamais réalisée, a eu pour conséquence immédiate un important retour de la biodiversité.

De même, avec l'Institut polaire suisse, nous avons organisé il y a trois ans une grande circumnavigation du continent antarctique. L'océan Austral revêt une importance capitale pour l'avenir de notre planète : c'est le puits de carbone le plus important de la Terre et c'est pourtant l'océan le moins connu. L'expédition a permis non seulement d'étudier ce fameux océan, mais aussi, en visitant toutes les îles subantarctiques qui le bordent, d'avoir une vision complète, marine et terrestre de cet écosystème, et particulièrement de sa cryosphère.

Aujourd'hui une lourde tâche repose sur les scientifiques de tous pays, celle d'approfondir nos connaissances encore trop partielles sur les régions polaires, de nous éclairer sur l'avenir de ces sentinelles du climat, et surtout de proposer des solutions pour atténuer, voire inverser, le dramatique réchauffement climatique en cours.

Page de gauche
Frederik Paulsen a atteint les huit pôles, quatre par hémisphère (le géographique, le magnétique, le géomagnétique, et le pôle d'inaccessibilité). Ici, au pôle d'inaccessibilité de l'hémisphère Sud, le point du continent antarctique le plus éloigné de toute côte.

Ci-dessous
Camp de base au pied du plus haut volcan de l'Antarctique, le mont Sidley (4 285 m).

DÉMÊLER EAU, GLACE ET TERRE

L'Antarctique étant principalement un continent, à la différence de l'Arctique, comment distinguer les côtes de la banquise qui les enserre ? Comment, en d'autres termes, démêler l'eau, la glace et la terre ferme ?

LES PREMIÈRES PHOTOS AÉRIENNES

Dix ans avant de perdre la vie au retour du pôle Sud, Robert Scott dirige la mission en Antarctique à bord du *Discovery*. Dans ce cadre, l'officier britannique de la Royal Navy est le premier, en février 1902, à survoler une mince bande du continent glacé dans un petit ballon à hydrogène de l'armée. Faute de place sur le *Discovery*, Scott a dû renoncer à acheminer un aéronef plus grand et techniquement éprouvé. Sur le moment, il semble le regretter. « *Dans ce qui me semblait une nacelle très inadéquate*, confie-t-il ultérieurement, *je ressentais un doute quant à savoir si j'avais été sage dans mon choix.* » Tout se passe bien, et, lors du second survol, c'est un compatriote de la même expédition, Ernest Shackleton, qui grimpe dans l'étroite nacelle. Ayant pris le soin d'emporter un appareil photo, cet explorateur est le premier à réaliser des vues aériennes de l'Antarctique, au-dessus de la barrière de Ross. Le 29 mars 1902, un Allemand d'une mission concurrente, Erich von Drygalski, s'élève en ballon à 490 m d'altitude et effectue à son tour des clichés de l'Antarctique, cette fois au mont Gauss.

Au gré des expéditions suivantes, la technique se perfectionne et se développe. En 1946, 70 000 photographies, de qualité très inégale, couvrent 60 % de la superficie côtière du continent. Mais il faut attendre les années 1950 pour que les 20 000 km de côtes de l'Antarctique soient correctement représentés, et l'arrivée des images satellites, bien plus précises, pour déterminer avec certitude ce qui relève de la terre ferme ou de l'eau.

L'APPORT DÉTERMINANT DES SATELLITES

En octobre 1957, le premier satellite artificiel est lancé par les Soviétiques depuis le cosmodrome de Baïkonour, au Kazakhstan. Cet événement stupéfie le monde et traumatise les États-Unis, qui se hâtent de combler leur retard dans la course à l'espace. Fin 1958, sept engins spatiaux tournent autour de la Terre, quatre envoyés par les Américains (de la famille des *Explorer*) et trois par les Soviétiques.

Dès leur apparition, les satellites révolutionnent la science et la connaissance de notre planète, d'autant qu'ils ne cessent de se perfectionner.

Page de droite, en haut
Vallée de Taylor et glacier se déversant dans la mer de Ross (Antarctique).

En bas
Le glacier Reeves est un large glacier au bord de la mer de Ross.

Mis en orbite par les États-Unis le 1er avril 1960, le premier satellite équipé de capteurs optiques permet de mieux visualiser la banquise, les contours du Groenland et de l'Antarctique. D'autres scrutent bientôt les nuages pour la météorologie, la hauteur des vagues et la position des icebergs pour la navigation.

Ces nouveaux outils sont très performants pour étudier les vastes territoires pas ou peu peuplés. Ils améliorent considérablement notre appréhension des pôles, de leurs modifications climatiques et saisonnières, de leurs reliefs, de leurs ours blancs ou de leurs colonies de manchots.

JEAN-BAPTISTE CHARCOT, LE « GENTLEMAN DES PÔLES »

Surnommé au siècle dernier « le gentleman des pôles » par les Britanniques, le Français Jean-Baptiste Charcot est une icône de l'exploration polaire contemporaine. Mais avant de devenir le navigateur qui posa les bases de la recherche scientifique moderne, en s'entourant d'équipes pluridisciplinaires, le commandant Charcot a vécu une autre vie.

Né en 1867 à Neuilly-sur-Seine, ce fils de bonne famille est très tôt captivé par la mer et le sport. Champion de France de rugby à quinze en 1896, il décroche quatre ans plus tard, aux Jeux olympiques d'été de Paris, une double médaille d'argent en voile. C'est cependant vers des études médicales qu'il se dirige, à l'invite de son père, Jean-Martin Charcot, neurologue internationalement connu pour ses travaux sur l'hypnose et l'hystérie. Médecin, le fils Charcot abandonne pourtant la blouse dès le décès de son père et se tourne vers sa véritable passion, l'océan, n'hésitant pas à vendre des toiles de maîtres pour financer ses projets maritimes.

À l'issue d'explorations dans le Grand Nord, il réalise en 1904 le premier hivernage en Antarctique d'une expédition scientifique, à bord d'un trois-mâts, le *Français*. Comme le suggère le nom du bateau, le commandant Charcot veut assurer la présence de la France dans une zone depuis peu convoitée par l'Occident. De 1908 à 1910, l'explorateur mène une seconde expédition en Antarctique sur le *Pourquoi pas ?*. Outre des études sur les marées et le magnétisme, il constitue des collections botaniques et zoologiques, dont une partie est confiée à l'Institut océanographique de Monaco.

En septembre 1936, après avoir déposé au Groenland son ami l'explorateur Paul-Émile Victor, le commandant Charcot disparaît avec vingt-deux membres d'équipage lors d'une tempête au large de l'Islande. Des obsèques nationales sont organisées le 12 octobre 1936 à la cathédrale Notre-Dame de Paris. Loué pour ses qualités humaines, ce héros discret est allé au bout de ses rêves, quitte à en mourir.

Jean-Baptiste Charcot accueillant un groupe d'Inuits à bord de son navire, le *Pourquoi pas ?*.

Mais leurs relevés se limitent à la surface terrestre et océanique. Bien que précieux, ils ne peuvent se substituer aux mesures effectuées sur le terrain.

Les scientifiques n'ont d'ailleurs pas attendu pour multiplier les études sur place. Dès 1957, quatre bases fixes sont installées en Antarctique par la Grande-Bretagne, les États-Unis, l'Union soviétique et le Japon. Au même moment, à l'occasion de l'Année géophysique internationale, soixante-sept États se coordonnent pour mener un ensemble de recherches et uniformiser les résultats afin de mieux les comparer. À partir des années 2000, dans le cadre du programme international Argo, les explorations s'étendent aux fonds marins. Des flotteurs profileurs équipés de capteurs de température et de salinité sont déployés depuis des navires. Ces sondes programmées descendent jusqu'à 4000 m de profondeur et transmettent leurs données par satellite lors de leurs remontées en surface. Elles peuvent parcourir l'Océan pendant plusieurs années, ce qui permet d'actualiser les mesures, de mener des comparaisons saisonnières. Les flotteurs profileurs sont toutefois inopérants aux pôles, les glaces les empêchant de remonter à la surface. Dans l'hémisphère Sud, les courants violents les font dériver d'ouest en est, leur interdisant d'approcher le continent antarctique.

Limite d'extension minimale de la banquise d'été dans l'océan Arctique au 15 septembre 2020.

DES ÉLÉPHANTS DE MER PROMUS OCÉANOGRAPHES

Les sondes Argo (voir page 31) étant incapables d'aller sous la glace et en zone antarctique, comment savoir ce qui s'y passe ? Au début des années 2000, Christophe Guinet, spécialiste français du comportement des grands mammifères marins, a l'idée d'utiliser des éléphants de mer en les équipant de balises, afin qu'ils jouent, à leur insu, aux océanographes et collectent des données sur leurs zones de pêche. Christophe Guinet n'a pas choisi par hasard ces énormes phoques susceptibles d'atteindre plusieurs tonnes. Il les croit capables de faire progresser la connaissance de l'océan Austral, car ils y plongent de soixante à soixante-dix fois par jour, atteignant en moyenne 500 m de profondeur et pouvant dépasser 2 000 m.

L'expérimentation associe des chercheurs écossais et australiens. À ses débuts, elle suscite pas mal de scepticisme. « *Certains océanographes et physiciens pensaient que l'on n'arriverait jamais au niveau de précision requis* », se souvient Christophe Guinet. De fait, en 2003, la première tentative d'équipement d'un éléphant de mer se solde par un échec, mais 2004 se présente mieux, avec une dizaine d'animaux munis de balises. Les années suivantes servent à améliorer le système, notamment au niveau de la qualité des données transmises. L'année 2007 apporte la reconnaissance internationale, et en 2017, ultime consécration, les Américains de la Nasa rejoignent le dispositif.

Les éléphants de mer équipés fournissent 98 % des profils de température et de salinité associés à la banquise antarctique. Ils ont par ailleurs permis de démontrer que l'océan Austral se réchauffe et que la glace y fond plus rapidement qu'avant. « *Sans minorer les autres outils d'exploration, ces mammifères représentent le seul moyen dont on dispose aujourd'hui pour observer l'océan Austral à fine échelle* », résume Christophe Guinet.

L'OCÉANOGRAPHIE AU SERVICE DE LA BIOLOGIE MARINE

C'est à la lecture d'un article sur les robots profileurs Argo que Christophe Guinet, en poste au Centre d'études biologiques de Chizé (Deux-Sèvres), a l'idée : « *Ayant déjà équipé en balises des manchots et des otaries, je me suis dit que les éléphants de mer pouvaient faire la même chose. Ils plongent profondément et continuellement. Ils permettent même des observations sous la glace, car ils trouvent des trous dans la banquise pour venir respirer et rendent possible, à cette occasion, la transmission par satellite des données recueillies.* »

Les balises sont installées lors de leur séjour à terre, qui intervient deux fois par an, pour la reproduction et pour la mue. Les animaux sont anesthésiés par voie intraveineuse ou intramusculaire, pesés et mesurés avant qu'une balise leur soit collée sur la tête, la seule partie du corps hors de l'eau lorsqu'ils remontent pour respirer; pour émettre, une balise a en effet besoin d'être à l'air libre.
Les premières données recueillies étaient des profils de température et de salinité, puis de nouveaux capteurs ont été ajoutés, pour mesurer la concentration en phytoplancton dans la couche éclairée de l'Océan et pour déterminer la quantité d'oxygène dissous à différentes profondeurs. Ces dernières années, on s'est plus particulièrement intéressés à la biologie de l'animal et de l'Océan, avec notamment un capteur dédié à la détection et à la capture de proies.
Les mesures de température et de salinité sont transmises dès que l'animal vient respirer à la surface, et permettent ainsi l'alimentation en temps réel des modèles océanographiques et météorologiques. Les autres données sont récupérées de manière plus aléatoire, lorsque l'animal retourne à terre. Localisé par le système Argos, dont il est

Jeune éléphant de mer du Sud (*Mirounga leonina*).

À gauche
Christophe Guinet recherche un mâle d'éléphant de mer du Sud pour la pose d'une balise satellite Argos.

À droite
Femelle d'éléphant de mer du Sud équipée d'une balise Argos.

également pourvu, il est recapturé, à nouveau mesuré et pesé, avant d'être délesté de son « mouchard ».

Le taux de récupération des balises est de 80 % à 100 % quand les éléphants de mer font des courts séjours en mer. Il chute à 50 % lors de stages plus longs, car les balises Argos cessent parfois d'émettre au bout de six à sept mois, et il devient difficile de géolocaliser les animaux lorsqu'ils rejoignent la terre.

Christophe Guinet indique : « *Dès le départ, on s'est préoccupé de la gêne que pouvait occasionner cet équipement. À l'issue d'études sur des femelles, nos collègues australiens n'ont noté aucun effet sur la survie, la masse corporelle ou les capacités de reproduction. Cela ne veut pas dire que l'impact est nul. Ces animaux sont probablement capables de compenser le handicap subi.* »

Imposer aux animaux une telle contrainte est-il éthique ? Le scientifique répond : « *Des océanographes nous ont posé la question dès le début de l'expérimentation. Je rappelle que le programme ne se résume pas aux mesures de différents paramètres de l'Océan. Il vise aussi à mieux connaître et comprendre les éléphants de mer, comme leurs déplacements et leurs stratégies alimentaires ainsi que leur environnement. C'est l'océanographie qui permet de conduire et de financer nos travaux en écologie. Sans elle, nous n'aurions jamais eu l'argent nécessaire pour ces recherches sur les animaux.* »

La balise coûte de 4 500 euros pour des analyses de « base » à 15 000 euros si l'on ajoute un micro-sonar et d'autres enregistreurs. Non négligeables, ces sommes sont bien inférieures à ce que coûterait une collecte d'informations similaire par des moyens classiques. Ainsi, une campagne océanographique à bord du bateau *Marion Dufresne* revient à 40 000 euros par jour. Certes, un éléphant de mer n'apporte pas autant de données que le *Marion Dufresne*, mais il est disponible douze mois sur douze.

TOUT SAVOIR, EN DIRECT, SUR LES OCÉANS

Quelle est la température de l'eau aux alentours des Kerguelen, la hauteur des vagues au cap Horn ou la salinité de la mer de Ross ? Novateur, le programme français Mercator Océan répond à ces questions et à bien d'autres sur les océans du globe au travers de fréquents bulletins diffusés gratuitement sur Internet. Pour réaliser de telles synthèses, ce programme traite les données fournies par les satellites, les différentes sondes, ou encore les éléphants de mer. Puis il établit des prévisions à l'aide d'outils et de modèles numériques performants. Les utilisateurs sont multiples, des équipes de chercheurs aux sportifs souhaitant traverser l'Atlantique à la rame ou la Manche à la nage, des gestionnaires de plates-formes pétrolières aux entreprises de transport maritime en quête d'informations sur les courants.

Nommé en hommage à Gérard Mercator, célèbre cartographe flamand, Mercator Océan est né en 1995. Son concept a émergé lors de la réunion, dans un petit village du Périgord, d'une trentaine d'océanographes, de mathématiciens et d'ingénieurs. Le petit groupe partage alors l'ambition de décrire et de prévoir l'Océan, comme le fait la météo avec le temps à venir. Pour relever ce défi, il va roder de nouveaux outils : les premiers satellites altimétriques capables de mesurer les variations de surface des mers, les premiers modèles fiables de prévision fonctionnant en temps réel. Après s'être étalonnée sur l'Atlantique, l'équipe diffuse en octobre 2005 son premier bulletin couvrant l'ensemble des océans.

Organisation à but non lucratif basée près de Toulouse, Mercator Ocean s'appuie sur de grands organismes scientifiques publics français, dont le CNRS et l'Ifremer.

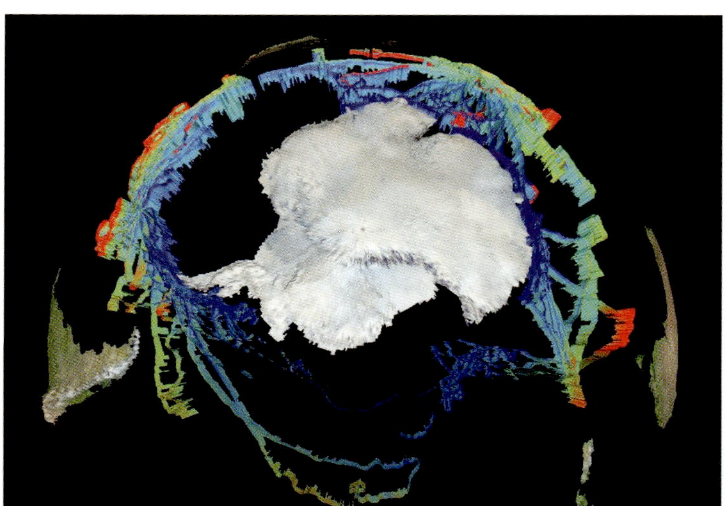

En couleur, les déplacements des éléphants de mer du Sud en surface et en plongée, suivis par satellites.

UNE VIE INTENSE
AUX PÔLES

En dépit d'un climat particulièrement hostile, les régions polaires – au moins en mer et sur les côtes – sont loin d'être des déserts. Grâce aux courants amenant des tropiques quelques précieux degrés, elles abritent une vie parfois étonnante, avec des espèces battant des records de taille et de longévité. Cette vie s'accommode de froids extrêmes, de longs mois d'obscurité totale durant l'hiver, suivis l'été de périodes ininterrompues de luminosité intense. Elle a permis en zone arctique l'établissement de différents groupes humains, parfaitement adaptés à la rudesse des milieux ambiants. À l'inverse, l'Antarctique est resté vide de tout peuplement. Cette singularité s'explique par l'éloignement de ce continent, le plus froid du monde, sa difficulté d'accès et la quasi-absence de terres libres de glace. Elle a permis, sur cette contrée de la taille du Brésil, de mettre en place une gestion à nulle autre pareille, consacrée, jusqu'à présent, à la recherche scientifique.

Colonie de manchots royaux dans la baie de Saint Andrews, en Géorgie du Sud.

L'OCÉAN APPORTE UNE CHALEUR VITALE

Comment les courants transportent-ils aux pôles un peu de chaleur des tropiques? Grâce à une sorte de grand brassage planétaire que les scientifiques nomment « circulation thermohaline ». Il s'agit d'une circulation à grande échelle au sein des océans, d'un mouvement permanent engendré par les écarts de température et de salinité entre les différentes masses d'eau.

À l'approche des zones polaires, les eaux perdent rapidement des degrés sous l'effet de basses températures et de vents violents. Plus elles se refroidissent, plus elles deviennent denses. Elles sont également lestées par l'excédent de sel rejeté par les glaces lors de leur formation en surface (la banquise en contient quatre fois moins que la mer).

Glaciales et très salées, ces eaux s'enfoncent inexorablement vers les fonds marins. À une profondeur comprise entre 1 et 3 km, elles prennent la direction de l'équateur. Là-bas, elles perdent peu à peu de leur densité, remontent progressivement vers la surface, se réchauffent, avant d'entamer, poussées par les vents, un retour vers les pôles. Un cycle complet de ce « tapis roulant » dépasse largement l'échelle humaine. Pour l'accomplir, une molécule d'eau met mille ans.

L'impact de ces courants sur le climat de notre planète est majeur. La circulation des masses d'eau océaniques atténue les rigueurs des régions froides et, à l'inverse, tempère les chaleurs des tropiques. Si par exemple le Gulf Stream ne passait pas au large de l'Europe, l'ouest du vieux continent subirait des hivers nettement plus rigoureux. Avec des températures dans le nord de la France proches de celles du Canada.

L'OCÉAN AUSTRAL, CARREFOUR DES EAUX DU GLOBE

Encore peu exploré, le vaste océan Austral est le plus redouté des marins pour la violence de ses vents, la hauteur de ses vagues et ses températures extrêmes. Il entoure le continent antarctique et s'étend vers le nord jusqu'au soixantième parallèle. Officiellement baptisé le 8 juin 2021 par la National Geographic Society, l'océan Austral, d'une superficie de 20,33 millions de kilomètres carrés, sert de carrefour aux eaux mondiales. En effet, il connecte les bassins adjacents – Atlantique, Indien et Pacifique – par l'intermédiaire du courant le plus puissant du monde. Ce « courant circumpolaire antarctique », qui s'étend sur plus de 20 millions de kilomètres carrés, transporte d'ouest en est quelque 140 millions de mètres cubes d'eau par seconde, soit 140 fois le débit

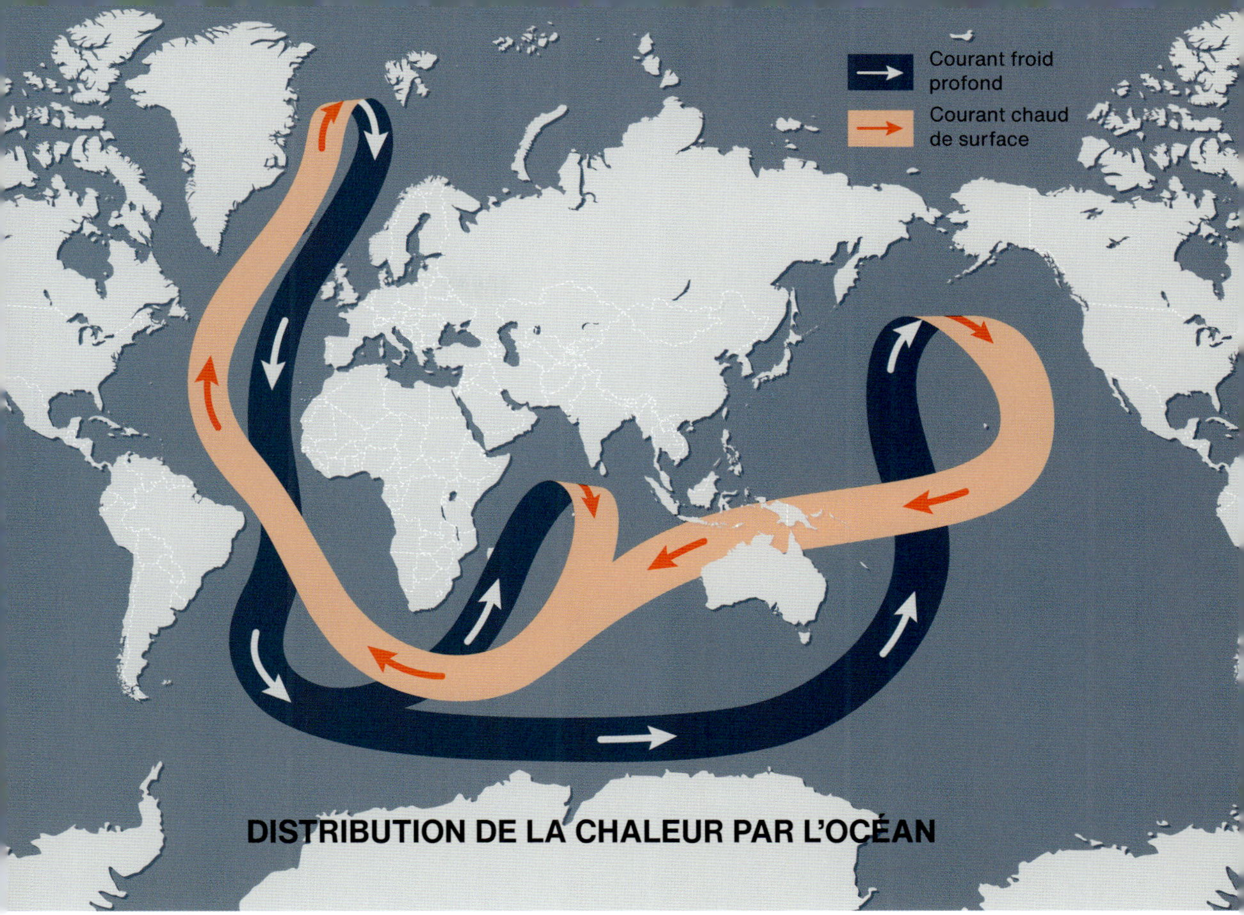

de l'ensemble des fleuves terrestres. S'il circule essentiellement autour du continent, sans rencontrer d'obstacle, il n'est pas uniforme et brasse à la périphérie les eaux des océans qui le bordent au nord. Par le biais de cette redistribution ainsi que d'échanges intenses entre les eaux et l'atmosphère, l'océan Austral joue un rôle de premier ordre dans le système climatique mondial, en absorbant une partie de la chaleur et des émissions de CO_2 produites par les activités humaines.

Au nord de l'océan Austral, Casimir de Lavergne, océanographe au CNRS, s'est intéressé à une zone intermédiaire, à une profondeur comprise entre 1 et 2,5 km. Recelant beaucoup de carbone, cet océan du « milieu » pourrait se révéler crucial pour notre avenir. S'il accumule davantage de carbone, il freinera le réchauffement climatique. S'il relâche celui qu'il détient, il accélérera au contraire le dérèglement. Sur ce vaste sujet, Casimir de Lavergne, trente et un ans, a passé en 2016 une thèse de doctorat qui fut primée par l'Institut océanographique de Monaco.

Isolée des courants marins qui passent en dessous et au-dessus, cette couche océanique contient beaucoup plus de carbone que les couches inférieure et supérieure. Ce carbone, accumulé par manque de brassage, provient de la décomposition de divers organismes de la colonne d'eau.

Ci-dessus
Casimir de Lavergne contrôle les données captées en temps réel, la nuit, entre les îles Malouines et l'Antarctique, en 2015-2016.

Page de droite
Reconnaissable à ses grandes ailes sombres marquées de deux larges taches blanches, le damier du Cap, ou pétrel du Cap, se nourrit en surface, essentiellement de krill.

Ces eaux influent sans conteste sur le climat sur des échelles de temps très longues. Si elles jouent un rôle important, ce ne sera pas avant plusieurs siècles. À l'heure actuelle, on ignore encore si elles vont stocker davantage de carbone ou au contraire en relâcher. Ce dernier scénario serait catastrophique, car il accentuerait alors le réchauffement de la planète.

Cet océan du milieu se retrouve essentiellement dans les bassins Pacifique et Indien, il représente près du quart du volume de l'océan mondial. Pour autant, il reste à l'écart de la circulation thermohaline, le vaste mouvement des eaux océaniques entre les pôles et les zones tempérées.

Dans l'océan Austral, les eaux de surface s'enfoncent lorsqu'elles sont proches de – 2 °C. Elles mettent deux cents ans pour atteindre les abysses à 4000 m. Là, elles se réchauffent très lentement en se mélangeant avec des eaux plus tempérées et en profitant du chauffage géothermique, la chaleur diffusée par le noyau de la Terre. À partir de + 1 °C, elles remontent peu à peu. Elles retrouvent la surface près de mille ans après l'avoir quittée.

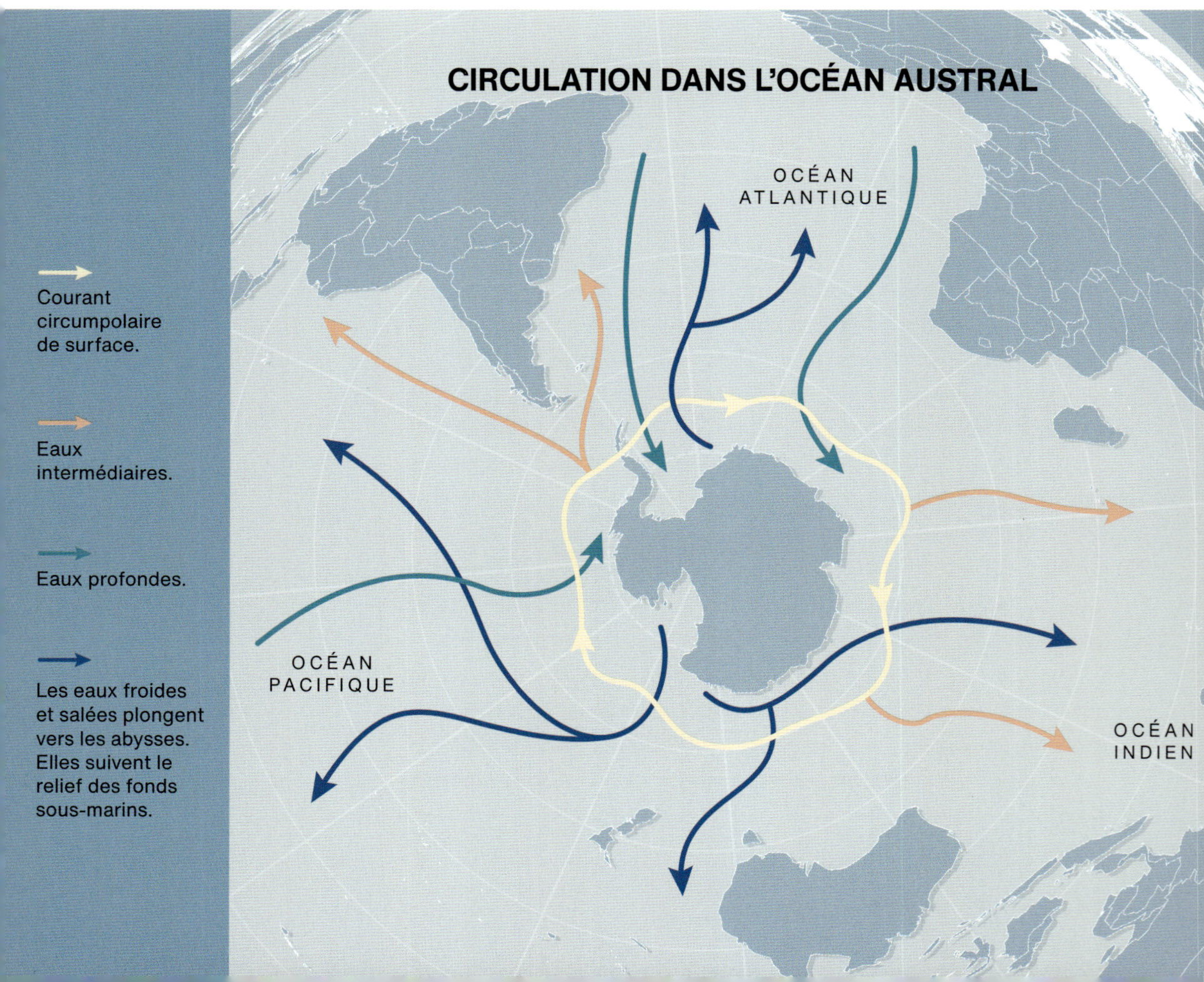

UN BATEAU RÉVOLUTIONNAIRE POUR PERCER LES MYSTÈRES DE L'OCÉAN AUSTRAL

Pour révéler les mystères de l'océan Austral, le célèbre explorateur français Jean-Louis Étienne met la dernière main à un bateau révolutionnaire. Ce navire vertical, digne des romans de Jules Verne, devrait être finalisé fin 2023. Sans moteur, sans bruit ni autre nuisance, le *Polar Pod* va lentement dériver. Porté par le courant circumpolaire, il fera le tour du continent antarctique, au niveau des cinquantièmes hurlants, « *là où il n'y a plus Dieu* », résument les navigateurs du Vendée Globe. En trois ans, il devrait boucler deux tours de l'Antarctique.

Soutenu par douze pays, le défi est aussi ambitieux que son concepteur est visionnaire et... atypique. Après un parcours moyen à l'école primaire, Jean-Louis Étienne obtient un CAP de tourneur-fraiseur. Cela ne l'empêche pas de devenir médecin, spécialiste de la nutrition et de la biologie et médecine du sport. Puis ce fils de commerçants originaire de Castres entame une série d'explorations qui vont forger sa notoriété. Premier homme en 1986 à atteindre le pôle Nord en solitaire, il participe ensuite à la Transantarctica, la plus longue traversée de l'Antarctique en traîneau à chiens, mène des missions scientifiques aux deux pôles, traverse l'océan Arctique en ballon. Un temps directeur général de l'Institut océanographique de Monaco, Jean-Louis Étienne se lance à l'orée des années 2010 dans la conception d'un navire « zéro émission » de prospection scientifique, capable de se jouer des tempêtes de l'océan Austral.

Sorte de pylône d'une hauteur de 100 m, le *Polar Pod* va s'enfoncer aux trois quarts dans l'eau. Grâce à un énorme lest en bout de quille, il sera en principe capable de revenir automatiquement à la verticale dans le très mauvais temps, à la manière d'un culbuto. Renouvelé tous les deux mois, l'équipage – trois marins et quatre scientifiques – actionnera de multiples appareils de mesure, un véritable « arbre de Noël » de capteurs, selon les mots de Jean-Louis Étienne.

Comment est né le concept ?

J'ai d'abord pensé à une énorme chambre à air qui n'aurait pas été ballottée par les vagues, mais elle a été jugée trop fragile. Je me suis alors inspiré d'un navire conçu par l'US Navy durant la Seconde Guerre mondiale pour écouter les sous-marins, une structure insubmersible s'articulant autour d'un pylône plongeant dans l'eau. J'ai passé deux ans à San Diego, aux États-Unis, pour améliorer le modèle avec les Américains, qui s'en servent aujourd'hui comme plate-forme océanographique. Le *Polar Pod* est né comme cela.

En quoi est-il révolutionnaire ?

Il peut séjourner longtemps dans un océan de tempêtes dans de bonnes conditions de sécurité et de confort. Les bateaux se font secouer parce qu'ils sont posés sur la surface de la mer. Le *Polar Pod* le sera très peu, parce qu'il s'enfonce de 80 m sous l'eau et dispose d'un énorme lest de 150 tonnes.

Il n'aura aucun risque de se coucher ?

Non, sauf en cas de vague de 38 m de haut, la fameuse vague géante que personne n'a jamais vue mais qui statistiquement peut arriver. Comme l'ont montré les tests sur maquette, le *Polar Pod* va alors se coucher avant de se redresser à la verticale sous l'effet culbuto. Mais si cela arrive, cela ne sera pas d'un coup. On sentira monter la tempête et on aura le temps de s'y préparer. En fermant les placards et en s'arrimant.

Sans moteur, comment éviter les icebergs ?

Soufflant dans les voiles asymétriques fixées sur les deux ailes du *Polar Pod*, le vent va infléchir notre trajectoire. La vitesse de dérive d'un iceberg étant très lente, nous aurons du temps pour éviter l'obstacle. Le vent sera également utilisé pour gagner, si besoin, une zone plus propice aux recherches.

Quel est le coût du projet ?

Je ne peux pas le dire, dans l'attente du résultat des appels d'offres et des réponses des chantiers qui seront candidats. La construction devrait débuter début 2022, les essais en juin 2023.

Ci-dessus
Le *Polar Pod* en position horizontale, remorqué vers son lieu de destination.

En haut
Le *Polar Pod* est une plateforme océanographique flottante, conçue par Jean-Louis Étienne pour dériver autour de l'Antarctique et étudier l'océan Austral.

Que va apporter le *Polar Pod*?
Son silence va permettre d'étudier la faune marine, de dresser un inventaire par acoustique, utile notamment pour mieux gérer les pêches. Sa stabilité va autoriser des mesures précises des échanges entre l'atmosphère, la surface de l'eau et la profondeur. Nous allons pouvoir affiner, sur une durée de trois ans et selon les saisons, la capacité de l'océan Austral à absorber le CO_2.
Pourquoi cet océan absorbe-t-il autant de ce gaz, la moitié de l'ensemble des mers ?
Le CO_2 se dissout beaucoup plus dans les eaux froides que dans les eaux tempérées. Et surtout, le vaste océan Austral est très agité. Brassant en permanence de l'air, il dirige davantage de gaz carbonique vers les profondeurs.
À 75 ans, *Polar Pod* représente votre ultime défi ou avez-vous d'autres projets ?
(Rire). Celui-là, c'est ma cathédrale. J'espère passer les premiers deux mois à bord avant d'autres roulements. À la fin, j'aurai quatre-vingts ans, j'aurai fait un grand chemin dans la compréhension des régions polaires. Je ne sais quelles inspirations me traverseront la tête, mais elles seront à la mesure de mes capacités physiques. Le pôle Nord à pied, c'est fini...
Parviendrons-nous à ralentir le réchauffement climatique ?
On n'a pas le choix. Il faut d'urgence accélérer les mesures déjà lancées. Chacun doit être efficace dans sa zone d'influence. Le coupable est invisible, c'est le CO_2. Seule la nature peut recapter ce gaz que nous avons envoyé dans l'atmosphère. Notre devoir est de limiter, voire d'arrêter le plus vite possible ces émissions, mais là on touche à la grosse machine énergétique mondiale...

UN OCÉAN ARCTIQUE EN FORME DE « CUL-DE-SAC »

Autant l'océan Austral est ouvert sur les autres mers, autant son homologue arctique, quatre fois plus petit, s'avère peu ou mal connecté au voisinage. Au point d'être surnommé par le scientifique Jean-Louis Étienne « *le cul-de-sac de l'océan mondial* ».

Centré sur le pôle Nord, l'océan Arctique est certes profond, avec des fosses marines atteignant 5000 m. Mais il est parcouru de hautes chaînes montagneuses sous-marines, perturbant, voire bloquant la libre circulation des eaux. Il est surtout enserré par les continents asiatique, nord-américain et européen. Entre Alaska et Sibérie extrême-orientale, l'océan Arctique est quasi fermé par le détroit de Béring, dont la profondeur n'excède pas 40 m. Il ne s'ouvre largement qu'en direction de l'Atlantique, entre le Groenland et la Scandinavie. Ce passage est emprunté par une branche du courant nord-atlantique. Il permet la circulation thermohaline, la restitution dans l'atmosphère polaire des

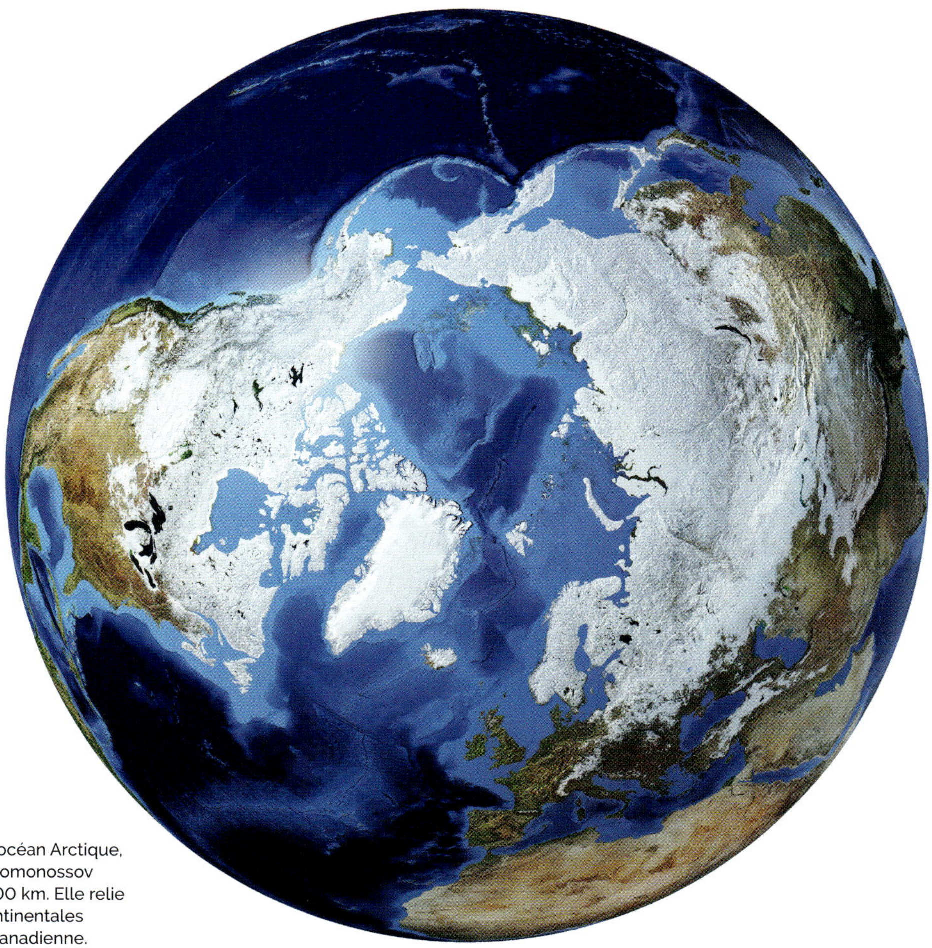

Au centre de l'océan Arctique, la dorsale de Lomonossov s'étend sur 1800 km. Elle relie les marges continentales sibérienne et canadienne.

degrés amenés des tropiques. À l'autre bout, au détroit de Béring, la circulation océanique demeure faible. L'entrée d'eau dans l'océan Arctique se réduit, à cause de la hauteur du seuil, à une couche superficielle. La sortie vers le Pacifique est quasi inexistante.

À cause de ce relatif enclavement, l'océan Arctique est aussi comparé à une Méditerranée froide. Partiellement recouvert de glace pendant de nombreux mois de l'année, il conserve bien des mystères. Ses fonds ne sont connus que depuis quelques dizaines d'années. Comme son homologue austral, l'océan Arctique régule le climat de la planète et notamment celui de l'hémisphère Nord. Comme lui, il comporte une banquise et des structures de glace détachées des calottes continentales, les icebergs, qui dérivent au gré des vents et des courants. Il se distingue de l'océan Austral par son extension jusqu'au pôle et par ses apports d'eau douce grâce aux fleuves qui l'alimentent depuis la Sibérie et le Canada.

La mer des Tchouktches, aux confins de l'Arctique, est le passage obligé pour atteindre le détroit de Béring, qui donne accès au Pacifique. Ici, le cap Kekilin, sur la côte de la péninsule Tchouktche (Extrême-Orient russe).

L'ADAPTATION AU FROID DES ANIMAUX

L'axe incliné de rotation de la Terre par rapport au Soleil engendre les saisons dans les zones tempérées. Aux pôles, ses conséquences sont bien plus marquées, avec six mois d'exposition solaire suivis de six mois de nuit. Dans ces contrées, le soleil n'est, de toute manière, jamais brûlant. Il apporte peu de chaleur, car ses rayons demeurent bas à l'horizon. Durant l'été, les températures n'excèdent pas 10 °C, alors qu'elles descendent jusqu'à – 80 °C au cœur de l'hiver.

TOUT LE MONDE NE PEUT PAS MIGRER

Afin d'échapper à ces rigueurs, certains oiseaux migrent vers des contrées plus hospitalières. Le puffin fuligineux (*Puffinus griseus*) niche et se reproduit d'octobre à mars-avril dans le sud de l'hémisphère Sud. Quand l'hiver austral arrive, après s'être gavé de krill, il s'envole pour rejoindre, à 20 000 km de là, l'Atlantique ou le Pacifique Nord. Profilé pour les longues distances, il parcourt en moyenne 500 km par jour, généralement à quelques mètres au-dessus des flots. Les juvéniles de plus d'un an s'envolent en premier, suivis par les adultes, puis par les jeunes de l'année.

Les îles du Svalbard accueillent de nombreuses colonies d'oiseaux qui se nourrissent dans les eaux riches en poissons.

La gracieuse sterne arctique (*Sterna paradisaea*), qui pèse à peine 100 g, accomplit un périple similaire, en davantage de temps. Pour relier en aller-retour l'Arctique à l'Antarctique, elle vole jusqu'à huit mois par an, avec des haltes en pleine mer. Comme l'ont montré des microbalises installées sur certains individus, elle n'hésite pas à effectuer de larges détours pour profiter des vents dominants et économiser de l'énergie.

En mer, plusieurs espèces de baleines migrent également, sur des distances plus courtes. Elles quittent les eaux polaires riches en nourriture pour les zones tropicales où elles mettent bas. En tétant leurs mères, les baleineaux grandissent dans des eaux chaudes, où ils sont davantage protégés de la prédation des orques, moins présents à ces latitudes.

Mais la grande majorité des espèces n'a d'autre choix que de passer l'hiver sur place. Beaucoup se terrent ou survivent avec des techniques de chasse peu énergivores. D'autres développent des mécanismes bien plus sophistiqués.

1. Les baleines à bosse de l'hémisphère Sud se nourrissent principalement de krill, tandis que celles de l'hémisphère Nord piègent les bancs de petits poissons. Ici, au large du Groenland.
2. Le puffin fuligineux parcourt chaque année près de 65 000 km au-dessus de l'océan Pacifique.
3. La sterne arctique fuit le Grand Nord à l'approche de l'hiver.

Page suivante, en haut
La fourrure du renard polaire (*Vulpes lagopus*) permet de limiter la déperdition de chaleur.

En bas
Appelé « caribou » au Canada, le renne (*Rangifer tarandus*) possède un pelage imperméable adapté au grand froid.

n Arctique, le retour de la
ımière au printemps et le
échauffement de l'atmosphère
ssocié ramènent à la vie flore
t faune. Durant quelques
ıois, les animaux n'ont qu'un
ut, se nourrir et se reproduire
vant le retour du gel.

n mer, c'est différent, toute
année, les eaux grouillantes
e vie nourrissent phoques,
orses, oiseaux marins et ours
olaires, qui guettent aux
bords de la banquise ou
es falaises côtières.

Migration des baleines

été, les baleines se
ourrissent dans les eaux
ches en krill des hautes
titudes. En hiver, elles se
eproduisent dans les eaux plus
haudes à des latitudes plus
asses.

Migration des oiseaux

u nord comme au sud,
es oiseaux migrateurs élèvent
ur couvée avant de fuir l'hiver
de parcourir des milliers
e kilomètres pour des cieux
us cléments.

Krill

Plancton

ı Antarctique, la faune
rrestre est quasiment absente
l'écosystème est d'une
ande simplicité. Les mousses
les lichens, champions de la
rvie en conditions extrêmes,
nt présents, mais oiseaux et
ammifères sont tributaires de
céan pour leur subsistance.

us au nord, des îles
bantarctiques, au climat bien
us doux, hébergent de
mbreuses colonies d'oiseaux
arins, d'éléphants de mer et
otaries.

LA VIE AUTOUR DES PÔLES

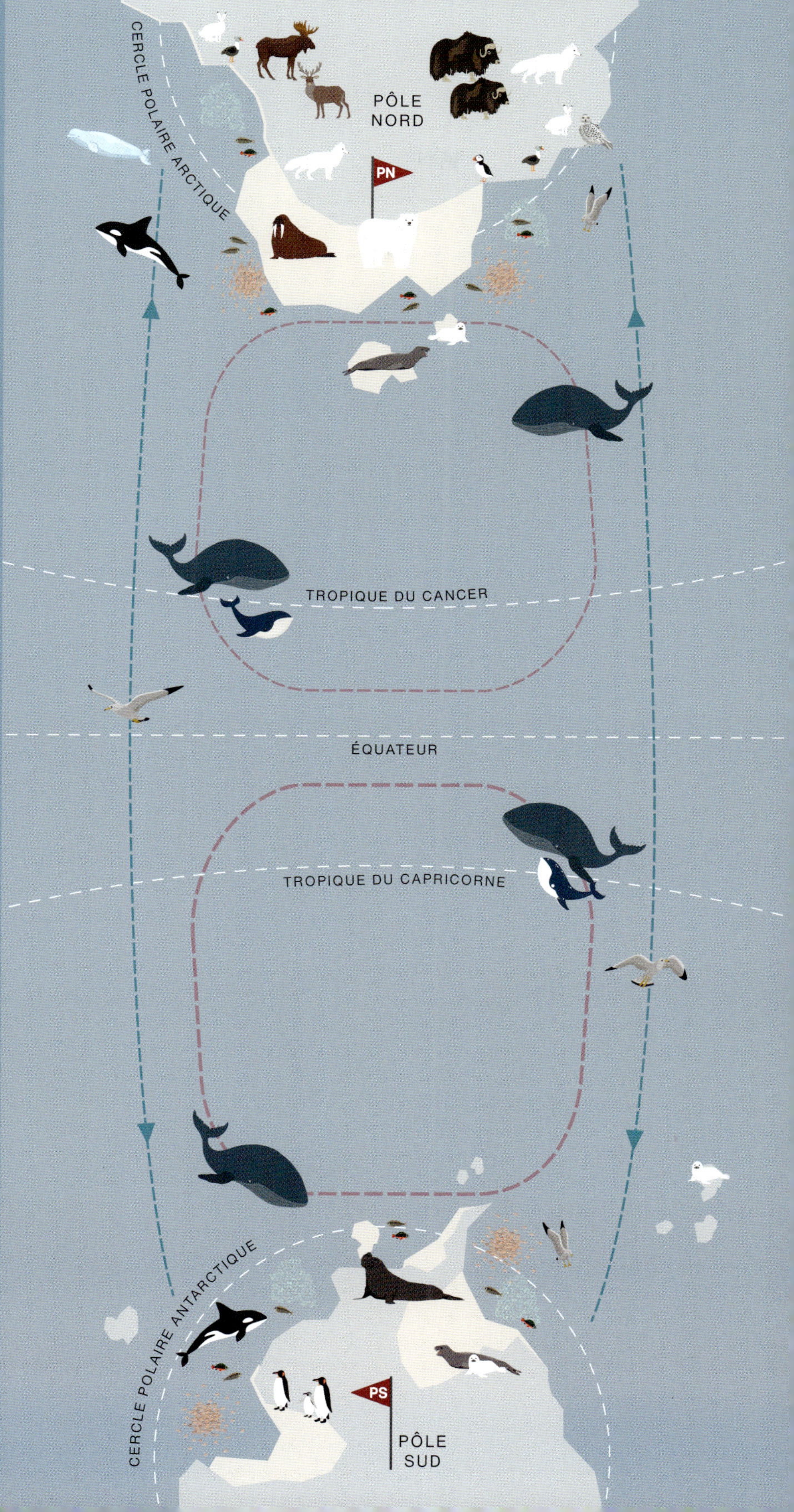

1

2

3

FORMATION EN « TORTUE », ANTIBIOTIQUE ET ANTIGEL

En Antarctique, le manchot empereur (*Aptenodytes forsteri*), le plus grand des manchots, est le seul oiseau à se reproduire durant l'hiver, en colonie. À même la glace, le mâle couve un œuf unique pendant cent vingt jours. S'il perd durant ce long jeûne plus du tiers de son poids, qui chute de 40 à 25 kg, il survit aux – 50 °C et aux vents de 200 km/h, en observant à la lettre une discipline codifiée et quasi militaire. Les mâles se serrent étroitement les uns contre les autres pour constituer un groupe compact, abritant son centre du froid et du blizzard. Au sein de cette formation en «tortue», popularisée par le film documentaire de Luc Jacquet *La Marche de l'empereur*, les rotations sont permanentes entre les postes exposés et ceux protégés. Tout en gardant avec précaution leur œuf sur leurs pattes, les mâles placés sur les rangs extérieurs de la «tortue» gagnent progressivement l'intérieur et inversement. L'intérêt du groupe et celui de l'individu ne font plus qu'un.

Dans le proche archipel de Crozet, moins froid, le manchot royal (*Aptenodytes patagonicus*) a un autre atout, non dans sa manche, mais dans son système digestif. Il s'agit d'une molécule antibiotique et antifongique, la sphéniscine, qui conserve à 38 °C la nourriture intacte dans son estomac. Cette étonnante faculté assure le succès de la reproduction. Elle permet au mâle d'alimenter le poussin à peine éclos, lorsque la femelle tarde à revenir de l'Océan, où elle est allée se nourrir.

Pour éviter de finir en glaçon, les poissons des glaces fabriquent des protéines antigel. Ces animaux, dont la température interne est identique à celle de l'extérieur, évoluent dans des eaux très froides, de l'ordre de 0 °C, voire – 1 °C (l'eau de mer, grâce à sa teneur élevée en sel, ne gèle pas avant – 1,9 °C). Chez certains d'entre eux, appartenant à la famille des channichtyidés, le sang est dépourvu d'hémoglobine (protéine permettant le transport de l'oxygène), et l'oxygénation se fait par simple diffusion des branchies au sang, puis du sang aux organes, grâce à un fort débit sanguin.

LONGÉVITÉ EXCEPTIONNELLE ET GIGANTISME

Certaines espèces polaires battent des records de taille et de longévité, sans que l'on sache, pour l'instant, l'expliquer scientifiquement.

De nombreux invertébrés, comme certains vers, éponges et crustacés, présentent des formes géantes.

En Antarctique, l'éponge *Anoxycalyx joubini* atteint 2 m de haut au lieu de 1 m dans les autres parties de l'Océan. Elle pourrait, selon les estimations scientifiques, vivre plusieurs milliers d'années, mais en termes de durée de vie et en l'état de nos connaissances, la palme revient à un mollusque bivalve, une praire d'Islande (*Arctica islandica*). Un spécimen de 8 cm et de 50 g a été trouvé en 2006 au large des côtes islandaises

1. Manchots empereurs en formation «tortue» pour se protéger du blizzard près de la base française Dumont-d'Urville, en Antarctique.
2. Les poissons des glaces (ici, *Pagothenia borchgrevinki*) produisent des protéines antigel qui leur permettent de survivre dans les eaux très froides.
3. Un manchot royal nourrit son poussin (Géorgie du Sud).

Ci-dessus
Praire d'Islande. Un individu de 8 cm, âgé de plus de 500 ans selon les scientifiques, a été découvert en 2006 au large des côtes islandaises.

Page de droite
Les plus gros spécimens connus de méduse à crinière de lion vivent dans les eaux froides.

Ci-dessous
Le requin du Groenland, dont la longévité est estimée à 400 ans, se reproduirait vers l'âge de 150 ans.

par des chercheurs du pays de Galles. Son âge – 507 ans ! – fut déterminé par le nombre de stries à la surface de la coque. On ne saura jamais combien d'années supplémentaires il lui restait à vivre, les scientifiques l'ayant tué accidentellement en l'ouvrant. Cet individu a été nommé Ming, en référence à la dynastie chinoise durant laquelle il est né.

Seul requin des eaux polaires de l'Arctique, le requin du Groenland (*Somniosus microcephalus*) serait susceptible d'atteindre 400 ans. En dépit de sa taille et de son poids, plus de 4 m pour 700 kg, il ne nage pas assez vite pour chasser, faute de pouvoir maintenir une température corporelle suffisante. Il doit attendre que ses proies (poissons, crabes, calmars, phoques) dorment pour les attaquer.

Avec 500 kg, le calmar colossal (*Mesonychoteuthis hamiltoni*) serait le plus imposant des invertébrés connus. Pas forcément plus long, mais bien plus lourd que le calmar géant (*Architeuthis dux*), dont les plus gros spécimens connus, des femelles, pèsent 275 kg, le calmar colossal posséderait les yeux les plus grands du règne animal. Fréquentant les abysses de l'océan Austral, il remonte rarement vers la surface. De ce fait, il est très mal connu. Découvert en 1925, grâce à des morceaux retrouvés dans l'estomac de cachalots, il a fait depuis l'objet de très rares captures.

Plus modeste, mais considérée comme l'une des plus grosses méduses, la méduse à crinière de lion (*Cyanea capillata*), qui fréquente les eaux arctiques, peut atteindre 2 m de diamètre, possède 800 tentacules et mesure jusqu'à 30 m de long.

LA RICHESSE DES EAUX FROIDES

On pourrait penser les eaux polaires, froides et plongées dans la pénombre six mois de l'année, peu propices à la vie. Ce n'est pas le cas. Ces zones sont riches en oxygène et en gaz carbonique, élément essentiel à la croissance du phytoplancton, qui alimente tout l'écosystème marin. Par la production importante de ces organismes microscopiques, elles constituent le deuxième poumon vert de la planète, après l'Amazonie.

En haut
Anémones, ophiures et coraux mous peuplent ce jardin sous-marin arctique.

Ci-contre
Éponges, étoile de mer et hydrozoaires dans une forêt de kelp au large de la péninsule Antarctique.

Comme à terre, où la vie explose dès l'arrivée des beaux jours, le retour en mer de la lumière déclenche une activité frénétique. Premier maillon de la chaîne alimentaire, le phytoplancton nourrit les petits animaux du zooplancton, qui finissent dans l'estomac de plus grands prédateurs, poissons, oiseaux et mammifères marins. Même la banquise contribue à cette effervescence en abritant sur sa partie inférieure un « garde-manger » garni de bactéries, de microalgues et de microchampignons.

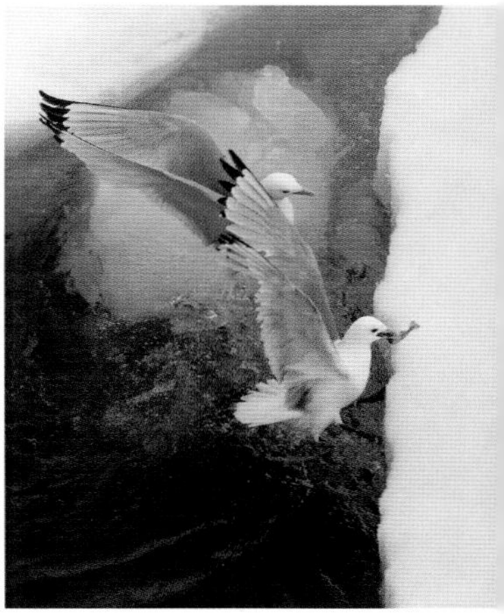

Mouette tridactyle venant de capturer une morue polaire (Spitzberg).

LE KRILL, CRUSTACÉS D'UNE IMPORTANCE CAPITALE

« Krill » est le nom générique (terme norvégien) donné, en particulier, à deux espèces de crustacés à l'allure de crevette, le krill atlantique (*Meganyctiphanes norvegica*), dans l'hémisphère Nord, et le krill antarctique (*Euphausia superba*), dans l'océan Austral, qui mesure jusqu'à 6 cm et vit cinq à six ans.

Composant du zooplancton, le krill est le principal consommateur de phytoplancton. À la belle saison, de vastes essaims de krill se forment à la surface de l'Océan, atteignant des densités de 10 000 à 30 000 individus par mètre cube, parfois visibles du ciel par satellite. Ces bancs de krill régalent baleines, albatros et autres oiseaux de mer, poissons et calmars, colonies de phoques, d'otaries à fourrure et de manchots.

On a longtemps cru que le krill ne dépassait pas une profondeur de 200 m. On pense aujourd'hui qu'il fréquente régulièrement les fonds marins, jusqu'aux abysses. L'hiver, il survit sous la glace en se nourrissant de microalgues accrochées à la face inférieure de la banquise.

FERTILISER LES OCÉANS : UNE FAUSSE BONNE IDÉE ?

À la différence d'autres étendues maritimes, les eaux antarctiques sont plutôt pauvres en fer, élément favorisant la croissance du phytoplancton. Celui-ci captant le CO_2 dans l'atmosphère, puis l'entraînant vers les fonds marins, faut-il déverser du fer dans l'océan Austral pour rendre la pompe à carbone encore plus performante, réduire l'impact de ce gaz à effet de serre sur le réchauffement climatique ? L'idée a été émise à la fin des années 1980 par l'océanographe et chimiste américain John Martin.

De 1993 à 2009, plusieurs expérimentations ont été menées, à petite échelle, dans l'océan Austral et dans le Pacifique Sud. L'une d'elles, au sud de l'Australie, a permis d'abaisser de 10 % la concentration en CO_2 au-dessus de la zone ensemencée. Si l'expérience a donc paru réussir, elle a soulevé un certain nombre d'interrogations et d'inquiétudes dans les milieux scientifiques. Pour un chercheur français, il faudrait jeter à la mer des tonnes et des tonnes de fer pour obtenir sur une zone conséquente une baisse importante du CO_2. Non pas un « demi-pétrolier » comme l'avait annoncé John Martin mais *a minima* cinq pétroliers.

Quelles seraient les conséquences de tels déversements sur l'écosystème marin ? Selon une équipe américano-canadienne, ils provoqueraient la sécrétion d'acide domoïque, une neurotoxine s'accumulant dans les petits poissons, remontant la chaîne alimentaire jusqu'à tuer les mammifères marins. Le risque serait grand de déstabiliser l'écosystème marin dans une opération de piégeage du carbone au rendement décevant. Ce genre de procédé fait partie de la géo-ingénierie, qui se définit comme la manipulation volontaire à grande échelle, voire à l'échelle planétaire, d'un processus environnemental, et dont les procédés ne sont pas encore réglementés.

1. Développement du phytoplancton.

2. Le krill, consommateur de phytoplancton, régale de nombreuses espèces.

3. Les déjections des animaux et leurs cadavres nourrissent les organismes des fonds marins.

4. Le va-et-vient des baleines qui respirent en surface et se nourrissent en profondeur mélange les eaux et les nutriments associés.

5. Ce retour des nutriments en surface dynamise les poussées de phytoplancton.

Prédateur → Proie

Nutriments provenant des différents organismes

Remise en suspension des nutriments par les baleines

Phytoplancton

Krill

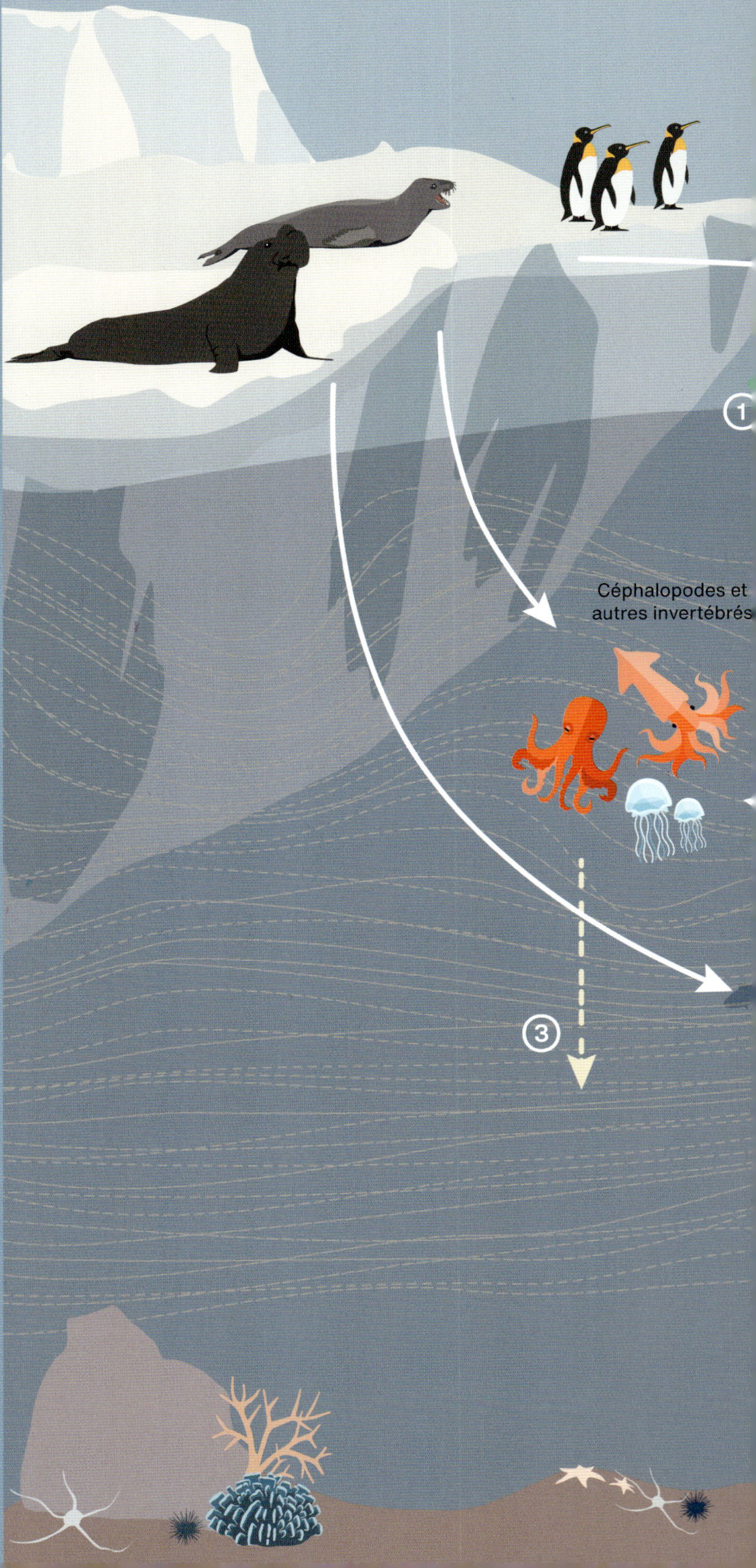

CYCLE VERTUEUX D'UNE CHAÎNE ALIMENTAIRE SIMPLIFIÉE

Le krill subit un inquiétant déclin de ses populations, dû à trois causes principales : la pollution, notamment les insecticides, qui bloquent sa croissance, le réchauffement climatique, qui restreindrait son habitat et affecterait sa productivité, et surtout la pêche industrielle, qui se développe fortement. Le krill est utilisé en farine pour l'aquaculture. Il est également consommé directement par l'homme et apprécié sous forme d'huile, riche en oméga 3, acides gras bénéfiques au système cardio-vasculaire.

Ci-dessus et en haut
Le krill (ici, krill antarctique) est un maillon clé des chaînes alimentaires des zones froides.

LES BIENFAITS DES FORÊTS D'ALGUES GÉANTES

Les forêts d'algues géantes, ou forêts de kelp ou de laminaires, sont typiques des mers froides, arctique et subantarctique. Elles prospèrent dans des eaux à moins de 20 °C, peu profondes, claires et riches en nutriments. On peut les trouver jusque dans les zones tempérées, comme en Bretagne.

Comme la forêt terrestre ou les récifs coralliens dans les eaux chaudes, le kelp crée un habitat propice au développement et à la diversification de la vie. Ces algues susceptibles d'atteindre 60 m de haut tamisent la lumière, adoucissent les vagues et piègent des éléments nourriciers pour de nombreux organismes (jusqu'à 180 espèces) : petits poissons, crabes et d'autres animaux, comme les loutres de mer et les phoques.

Importantes pour l'écosystème marin, les forêts de kelp sont, hélas, en train de régresser partout dans le monde. À cause du réchauffement de l'Océan, de la stratification des eaux (quand le mélange ne se fait plus entre eaux froides du fond et eaux chaudes de surface), de leur turbidité (quand les eaux sont troublées par des matières en suspension, provenant souvent d'activités humaines), leur habitat se réduit drastiquement.

Pourtant, ces macroalgues sont une ressource prometteuse pour notre avenir. Elles peuvent servir à l'alimentation humaine et à nourrir le bétail, et sont utilisées pour fabriquer des cosmétiques et des textiles et produire du carburant. Elles deviennent des substituts au plastique pour les emballages. Enfin, grâce à leur croissance rapide (elles grandissent de 60 cm par jour), elles permettent de séquestrer efficacement du carbone.

C'est en voulant faire bénéficier la planète de ces qualités que l'équipe du projet Kelp Blue envisage de planter des forêts de grandes algues dans tout l'Océan, notamment à proximité des *upwellings*, ces remontées d'eau froides riches en nutriments qui favorisent le développement des végétaux. Avec une prévision de 70 000 ha de kelp planté à l'horizon 2029, Kelp Blue annonce 1 million de tonnes de CO_2 stocké par an et une augmentation des stocks de poissons de 10 à 20 %.

Forêt d'algues géantes, ou kelps (ici, *Cystosphaera jacquinotii*), à proximité de la péninsule Antarctique.

LES PEUPLES DE L'ARCTIQUE

Si l'Antarctique n'a jamais été peuplé par l'homme, ce n'est pas le cas de l'Arctique. Les premiers occupants seraient arrivés dès la fin de la dernière glaciation, il y a dix mille ans. En suivant le gibier, ces nomades d'origine asiatique sont parvenus à l'extrême est de la Sibérie, avant de traverser, à pied sec, le détroit de Béring. Le niveau de la mer se situant 120 m plus bas qu'aujourd'hui, le passage était alors hors d'eau. Au fil des millénaires, différents peuples ont émergé. Disséminés sur de vastes aires géographiques, isolés par les barrières naturelles et climatiques, les uns et les autres ont façonné des langues et des cultures distinctes. À cheval sur trois continents, la région arctique couvre actuellement une partie des territoires nordiques de huit pays (Norvège, Suède, Finlande, Russie, États-Unis, Canada, Islande et Danemark). Quatre millions d'habitants y sont recensés, dont une majorité de nouveaux

Inuite cuisinant dans son igloo.

installés et de descendants de migrants. En nette minorité, les natifs sont à peine 500 000.

Ces autochtones, qui ont longtemps vécu en osmose avec leur environnement, sont représentés par six associations siégeant au Conseil de l'Arctique aux côtés des États concernés. Traditionnellement nomades, ils tentent de préserver leurs modes de vie ancestraux, la chasse, la pêche, l'élevage de rennes, ou encore la construction d'abris temporaires, tels que les igloos. Avant d'être rattrapés par une société de consommation qui bouleverse un peu plus leurs coutumes, ils ont subi des décennies d'oppression. Sous l'Union soviétique, les peuples sibériens ont été soumis à une sédentarisation forcée. En Norvège, le même sort a frappé les Samis, obligés en outre de se convertir au christianisme. En Amérique du Nord, les épidémies et l'alcool apportés par les colons européens ont fait des ravages chez les Inuits.

Sur l'ensemble de l'Arctique, les autochtones continuent à se sentir discriminés, à se percevoir comme des citoyens de seconde zone. Sans que ce soit forcément un choix, ils adoptent les codes de la modernité. Sans renoncer à la pêche ni à la chasse, tout en continuant à élever des chiens, la plupart sont devenus sédentaires. Beaucoup ont remplacé les traîneaux par des motoneiges, délaissent la nourriture traditionnelle à base de poisson et de viande de mammifère marin pour celle, sous vide, des supermarchés.

LES INUITS, LES PLUS NOMBREUX

C'est le plus connu et le plus important des peuples du Grand Nord. Hétérogène, il compte 160 000 personnes, réparties dans quatre pays. Pour la plupart sédentarisés, les Inuits vivent sur 15 000 km de côtes dans le nord du Canada, en Alaska (États-Unis), au Groenland (Danemark), et dans le nord-est de la Sibérie (Russie).

Beaucoup pratiquent toujours la chasse et la pêche. Auparavant, ils vivaient en clans d'une centaine de personnes. L'été, ils se séparaient en groupes d'une dizaine de membres pour partir traquer la baleine, le phoque et le renne, pour aller cueillir des baies.

Au Canada, les Inuits ont obtenu en 1999 un territoire doté d'un certain degré d'autonomie, le Nunavut, qui veut dire « notre terre » dans leur langue. Au Groenland, où les Inuits sont 50 000 et largement majoritaires, la tentation de l'indépendance est forte. Colonisé par le Danemark en 1775, christianisé par des pasteurs luthériens, le territoire, couvert à 80 % par des glaciers, a obtenu en 1979 un statut réellement autonome. En 2009, Copenhague a réaffirmé le droit des peuples à disposer d'eux-mêmes et a ouvert la possibilité pour le Groenland d'organiser un référendum sur son indépendance. Mais le pas n'a pas été franchi jusqu'ici.

Ci-dessus
Entre tradition et modernité, les Inuits doivent s'adapter. En haut, dans une embarcation traditionnelle, en-dessous, maisons « en dur » reliées à l'électricité.

Double page suivante
Enfant inuit au cœur de la toundra automnale, à l'embouchure de la rivière Serpentine, dans l'ouest de l'Alaska, non loin du détroit de Béring.

Village inuit de Tiniteqilaaq dans le fjord Sermilik, dans le sud-est du Groenland.

LES SAMIS ET LEUR CULTURE DU RENNE

Au nombre de 80 000, les Samis se répartissent sur quatre pays, la Suède, la Norvège, la Finlande et une petite partie de l'ouest de la Russie (la péninsule de Kola). De forte tradition orale, les Samis parlent une dizaine de langues.

Les Samis ont d'abord chassé les rennes, avant de les élever à partir du XVIIe siècle, en dressant lors des transhumances la traditionnelle *lavvu*, sorte de tipi recouvert de peaux de renne. Si le cervidé est devenu l'emblème de leur culture, à peine 10 % des Samis continuent aujourd'hui de l'élever. La plupart travaillent désormais dans les secteurs du commerce, de l'agriculture, de la pêche ou de l'industrie.

En Norvège, où ils sont les plus nombreux, les Samis ont été convertis de force au protestantisme. Débutée vers 1800, cette oppression a perduré jusque dans les années 1980. La Norvège fut cependant le premier pays scandinave à créer, en 1989, un parlement sami. En 1993, la Suède a brusquement retiré aux éleveurs de rennes la gestion de la

chasse et de la pêche sur leurs terres ancestrales. Sans leur fournir d'explications. En janvier 2020, la Cour suprême de Stockholm leur a restitué ce droit. Non sans conséquences. Les Samis, qui s'opposent sur leurs territoires à des projets d'exploitation de ressources naturelles, dans une région riche en minerais, ont subi menaces et insultes sur les réseaux sociaux. Des rennes ont été retrouvés dépecés, les morceaux ensanglantés laissés bien en évidence. À l'inverse, un mouvement de solidarité, inédit sur les mêmes réseaux suédois, s'est fait jour sous le *hashtag* Backasápmi (soutenez les Samis).

LES « PETITS PEUPLES DU NORD »

C'est sous cette dénomination que les Russes rangent une mosaïque de peuples autochtones, souvent nomades, pratiquant en Sibérie arctique la chasse et l'élevage de rennes. Les Nenets, les Tchouktches, les Aléoutes, les Koriaks, les Évènes... Il existe plus de quarante minorités, certaines ne comptant pas plus de dix individus, d'où leur appellation

Des éleveurs samis rassemblent leurs rennes en Laponie.

Famille de Nenets et sa *tchoum* (tente traditionnelle) dans la péninsule de Yamal.

de « petits peuples ». À partir des années 1930, date du début de la collectivisation des terres menée en Union soviétique par Joseph Staline, ces peuples ont été sédentarisés de force. Seuls les hommes étaient autorisés à assurer la transhumance des troupeaux. Les femmes et les enfants restaient à la maison. Profitant de leur isolement, certains peuples ont néanmoins réussi à se soustraire aux injonctions du régime communiste. Ce fut le cas des Nenets, qui occupent une vaste zone sauvage s'étendant de la péninsule de Kola à celle de Taïmyr.

En dépit des gazoducs qui traversent leur région natale et compliquent la transhumance de leurs troupeaux, les Nenets de la péninsule de Yamal continuent d'effectuer un périple annuel de 1200 km. À chaque étape, ils dressent le *tchoum*, tente conique recouverte de peaux de renne.

D'une manière générale, les « petits peuples du Nord » semblent peu écoutés par les autorités locales et ne sont jamais consultés sur les projets d'exploitation concernant leur territoire.

LES IAKOUTES ENTRENT AU PATRIMOINE MONDIAL

Installés eux aussi en Sibérie arctique, les Iakoutes sont trop nombreux – 300 000 – pour figurer parmi les « petits peuples du Nord ». Ils s'en distinguent également par leur langue, rattachée à la famille des langues turques. Ils occupent la république de Sakha (appelé aussi Iakoutie), un immense territoire s'étendant des régions voisines de la Chine à l'extrême nord-est de la Sibérie. Dans cette république, célèbre pour abriter la ville la plus froide du monde, Verkhoïansk et son record de – 71 °C, ils représentent un tiers de la population. Les autres tiers sont constitués en grande partie par les descendants des colons russes venus s'installer à partir du XVIIIe siècle, attirés par les mines d'or.

Au nord, les Iakoutes demeurent semi-nomades, vivant de la chasse au yack et à l'élan. Au sud, ils élèvent des chevaux et des bovins, quand ils ne se sont pas réorientés vers le commerce.

Comme les autres peuples de Sibérie, les Iakoutes ont profité de l'effondrement du régime communiste au début des années 1990 pour entamer un renouveau culturel. En 2008, l'épopée iakoute a été inscrite par l'Unesco au patrimoine culturel immatériel de l'humanité. Il s'agit d'une tradition épique appelée « Olonkho », récits poétiques de 10 000 à 15 000 vers mettant en scène ancêtres, dieux, esprits et animaux. En partie chantés, en partie déclamés par un conteur, ces récits abordent aussi des sujets plus contemporains, tels que la désintégration de la société nomade. L'Olonkho, qui avait vu le jour dans un contexte familial, sous forme de divertissement éducatif, a failli s'éteindre à l'époque soviétique. Reconnu d'intérêt mondial, il témoigne désormais des aspirations et des craintes d'une petite nation luttant pour sa survie.

L'alimentation des Iakoutes est basée essentiellement sur le poisson, la viande et les produits laitiers. Ici, le marché aux poissons et à la viande à Iakoutsk.

LA TRIPLE EXCEPTION ANTARCTIQUE

Cette exception tient à l'absence, on l'a vu, de peuplement humain ainsi qu'à la quasi-absence de faune terrestre. Si les côtes de l'Antarctique abritent mammifères marins et oiseaux, tous liés à l'Océan pour leur subsistance, le cœur du continent s'apparente à un immense désert glacé. La vie s'y réduit principalement aux mousses et aux lichens, champions de la survie en milieu extrême. Le contraste est saisissant avec la région arctique, qui offre une étonnante diversité végétale et animale. Du saule arctique, arbre nain ne dépassant pas 20 cm de hauteur, à la ronce petit-mûrier, plante de la toundra aux fruits comestibles. De l'ours blanc au renard polaire et au bœuf musqué. Cette richesse biologique n'existe donc pas sur le continent antarctique, qui se singularise dans un troisième domaine. En effet, à la suite de deux traités internationaux, il jouit d'un régime juridique sans équivalent dans l'histoire humaine.

DES ACTIVITÉS UNIQUEMENT PACIFIQUES

En l'état du droit international, le continent antarctique n'appartient à personne. Voué à la paix et à la science, il ne peut – contrairement à la région arctique – abriter d'activités militaires. La réalisation d'essais nucléaires, le stockage ou l'enfouissement de déchets radioactifs y sont interdits. Jusqu'ici respectées, ces obligations découlent du traité sur l'Antarctique, signé en décembre 1959 et complété en 1991 par un volet environnemental, le protocole de Madrid.

Le traité a été initialement ratifié par douze pays, dont la France, qui avaient mené sur place de précédentes recherches scientifiques. Il l'est aujourd'hui par une cinquantaine de nations. S'il proclame la liberté de la prospection scientifique ainsi que le partage des connaissances, il ne tranche pas l'épineuse question du statut du continent. À l'issue d'âpres négociations, il a consacré le principe du *statu quo* territorial. Tout en s'opposant à de nouvelles revendications de terres, il s'est contenté de geler celles déjà émises par sept pays (la France, l'Argentine, l'Australie, le Chili, la Norvège, la Nouvelle-Zélande et le Royaume-Uni). Ces sept pays ont déclaré leur souveraineté sur des bandes du continent qui parfois se chevauchent et y ont édifié des bases. Ainsi, les prétentions de

Le chenal Lemaire, situé entre la côte ouest de la péninsule Antarctique et l'île Booth, est réputé pour sa beauté naturelle et ses eaux étrangement calmes. Il est le passage obligé des touristes en Antarctique.

l'Argentine, du Chili et du Royaume-Uni empiètent les unes sur les autres. Quant à la France, elle a construit la station Dumont-d'Urville en terre Adélie, qu'elle revendique, mais édifié avec les Italiens une seconde base, Concordia, en zone australienne. Toutes ces installations, qu'elles soient situées sur le continent ou sur les îles proches, peuvent faire l'objet à tout moment d'inspections destinées à vérifier leur utilisation pacifique.

Ci-contre
Les manchots comptent parmi les sujets d'études scientifiques en Antarctique. Ici, des manchots papous (*Pygoscelis papua*).

Ci-dessous
Lui aussi étudié par les scientifiques, le phoque de Weddell (*Leptonychotes weddellii*) est l'une des espèces de phoques les plus abondantes en Antarctique.

LA MULTIPLICATION DES BASES SCIENTIFIQUES

Même limité au seul domaine scientifique, l'Antarctique suscite un engouement croissant. Dix-huit pays y sont actuellement présents par le biais de bases, temporaires ou non. Il s'agit pour eux, non seulement de mener des recherches, mais aussi d'affirmer leur influence et leur importance géopolitique, de prendre pied sur le continent et d'anticiper un éventuel changement de statut susceptible d'ouvrir de nouveaux horizons miniers et commerciaux.

Longtemps ignoré, l'Antarctique ne commence réellement à intéresser les nations occidentales qu'au siècle dernier. Avec l'arrivée de technologies héritées de la Seconde Guerre mondiale, comme le radar, les expéditions se multiplient à partir des années 1950. Dès janvier 1956, en pleine guerre froide, la France ouvre la base Dumont-d'Urville, en terre Adélie. Au même moment, la Grande-Bretagne lance la sienne, baptisée Halley. Les Américains suivent douze mois plus tard, avec la base Amundsen-Scott, au pôle Sud. Puis les Soviétiques inaugurent Vostok en décembre 1957, au cœur du plateau antarctique. De nos jours, la course ne semble pas ralentir. La Chine a récemment installé sa cinquième base, l'Australie a engagé 275 millions de dollars pour rénover ses trois bases côtières. La rivalité politique entre ces différents pays n'empêche pas une coopération entre chercheurs, parfois étroite et souvent favorisée sur ces terres hostiles par le sentiment d'isolement.

Les conditions extrêmes du continent glacé, la transparence de son atmosphère le rendent propice à de larges champs de recherche. Outre l'adaptation de l'humain et celle des animaux au froid intense, les scientifiques explorent des domaines encore plus importants pour l'humanité. Ils étudient les changements climatiques, le trou de la couche d'ozone, la fonte et la dérive des glaces, le champ magnétique terrestre, ou encore les rayonnements cosmiques.

Colonie de manchots Adélie (*Pygoscelis adeliae*) près de la base Dumont-d'Urville.

UN CHOC CLIMATIQUE
SANS PRÉCÉDENT

S'il touche l'ensemble de la planète, le réchauffement climatique affecte particulièrement les zones polaires, et notamment l'Arctique. En témoigne un exemple saisissant, venu de Sibérie orientale. La petite ville russe de Verkhoïansk, réputée la plus froide du monde, a battu le 20 juin 2020 un record de… chaleur. Au nord du cercle polaire, elle a enregistré au solstice d'été un improbable pic à 38 °C.

Les effets délétères de ce dérèglement sont de plus en plus visibles, de la fonte de la banquise et des calottes glaciaires au dégel des sols jusqu'alors glacés en permanence. Si le phénomène s'emballe, comme le craignent nombre d'experts, une partie des espèces polaires pourrait disparaître. Le mode de vie traditionnel des communautés arctiques sera définitivement balayé. Plus grave encore, le niveau mondial des océans augmenterait, à terme, de plusieurs dizaines de mètres, provoquant destructions sur les zones littorales et exode des populations côtières.

L'ours polaire est devenu l'emblème du réchauffement climatique. Les scientifiques considèrent qu'il ne pourra pas survivre à la disparition de la banquise.

UN RÉCHAUFFEMENT DEUX FOIS PLUS ACCENTUÉ EN ARCTIQUE

Les constats de différents acteurs de terrain se multiplient et vont tous dans le même sens : la zone arctique se réchauffe au moins deux fois plus vite que le reste de la Terre. Entre octobre 2018 et août 2019, la température y a augmenté de 1,9 °C par rapport à la moyenne 1981-2010. Et la tendance s'est encore aggravée en 2020, avec un bond de 4 °C supplémentaires en Sibérie. Chaque nouveau rapport révise à la hausse l'ampleur et la vitesse du phénomène.

UN CERCLE VICIEUX

La région souffre davantage du dérèglement à cause d'un mécanisme baptisé par les scientifiques « amplification arctique ». La hausse des températures fait fondre glace et neige. Elle entraîne la disparition de surfaces blanches très utiles car elles renvoyaient vers l'espace une grande partie du rayonnement solaire. Ces « miroirs » laissent la place à des eaux marines ou à de la végétation, qui absorbent l'énergie du soleil. Été après été, l'air, le sol et l'eau emmagasinent plus de chaleur. Ce qui fait fondre encore plus de glace et aggrave d'autant le dérèglement.

À gauche
Le frasil est l'un des premiers stades de la formation de la banquise. Ici, au large de l'île Wrangel, dans la mer des Tchouktches (Russie).

À droite
La transformation progressive du frasil en crêpes de glace finira par former la banquise. Ici, au large de l'île Barter, en Alaska.

Ainsi, plus les surfaces réfléchissantes se réduisent, plus l'océan Arctique se réchauffe rapidement. À la fin de l'été 2020, la banquise mesurait à peine 5,68 millions de kilomètres carrés, un triste record depuis le début des mesures par satellite, en octobre 1978. Si elle se reconstitue durant l'hiver, elle le fait chaque année de manière moins soutenue. Sa superficie moyenne s'établit à 13,45 millions de kilomètres carrés, soit 1,24 million de moins qu'il y a dix ans. Moins vaste, elle devient aussi plus mince, et donc plus fragile. Alors qu'elle a pu atteindre 3 à 4 m d'épaisseur, elle en a perdu jusqu'à 2 m depuis les années 1990.

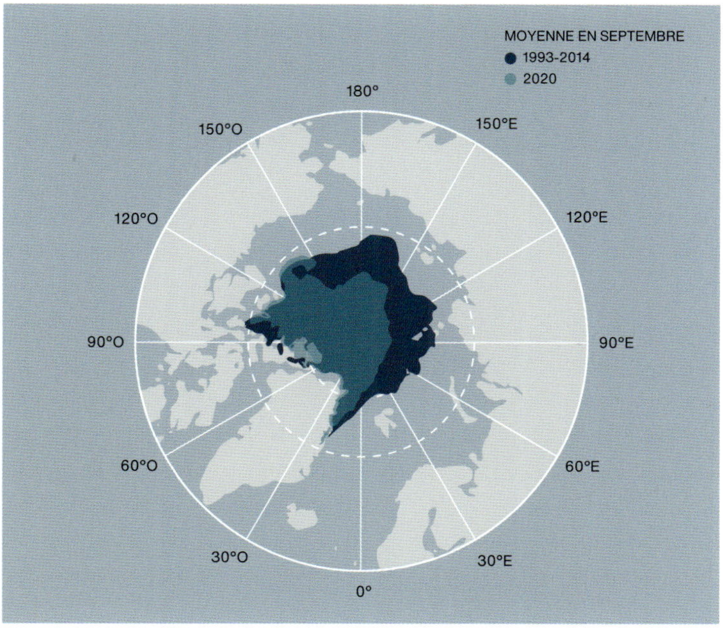

Ci-dessus
Les températures chaudes de l'été 2019 ont provoqué l'accumulation d'eau de fonte et la formation d'étangs à la surface de la calotte glaciaire du Groenland.

Ci-contre
Surveillée par satellite depuis 1979, la surface de la banquise arctique diminue. Ici, moyenne des mois de septembre de 1993 à 2014 et pour septembre 2020.

FORMATION DE LA BANQUISE

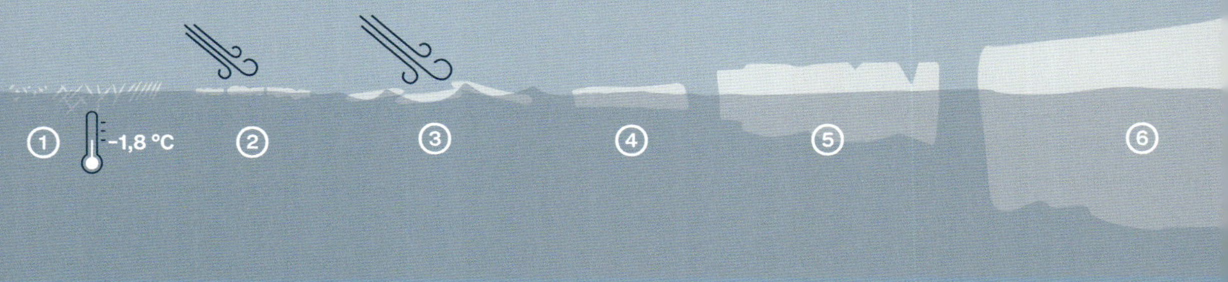

① **Soupe glacée :** formation de cristaux de glace lorsque la température de l'eau descend en dessous de – 1,8 °C.

② **Frasil :** accumulation des cristaux de glace sous l'action des turbulences.

③ **Crêpes de glace :** plaques pouvant atteindre 3 m de diamètre grâce à l'agglutination du frasil au fur et à mesure de son apparition.

④ **Jeune glace** d'une épaisseur de 10 à 30 cm qui marque véritablement la naissance de la banquise.

⑤ **Glace de première année** qui varie entre 30 cm et 2 m d'épaisseur.

⑥ **Glace** de plusieurs années, dépassant 3 m d'épaisseur.

FONTE DE LA BANQUISE ET AMPLIFICATION DU RÉCHAUFFEMENT

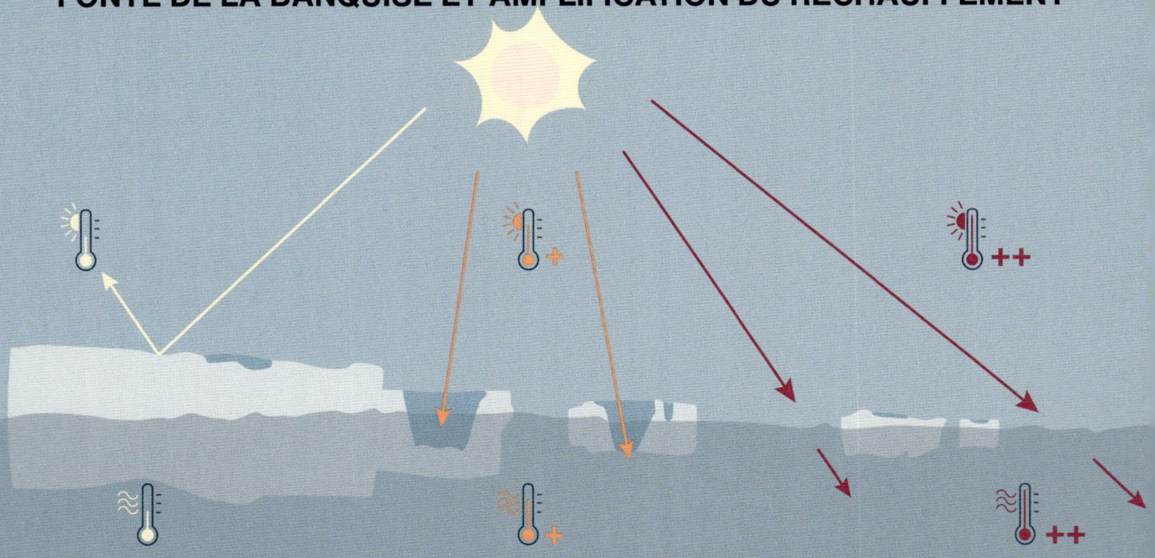

AVANT

La banquise est très réfléchissante et joue le rôle de miroir en renvoyant l'énergie solaire reçue vers l'atmosphère.

AUJOURD'HUI

Chaque année, la banquise est plus sensible aux conditions climatologiques. Plus fine, donc plus fragile, elle cède plus de terrain à l'Océan, plus sombre, qui absorbe davantage la chaleur du soleil, ce qui engendre un effet rétroactif et amplificateur du phénomène.

À VENIR

Plus la banquise se réduit et plus l'océan Arctique se réchauffe rapidement, accélérant ainsi la fonte du reste de la banquise.

FORMATION DE LA CALOTTE GLACIAIRE ET DES ICEBERGS

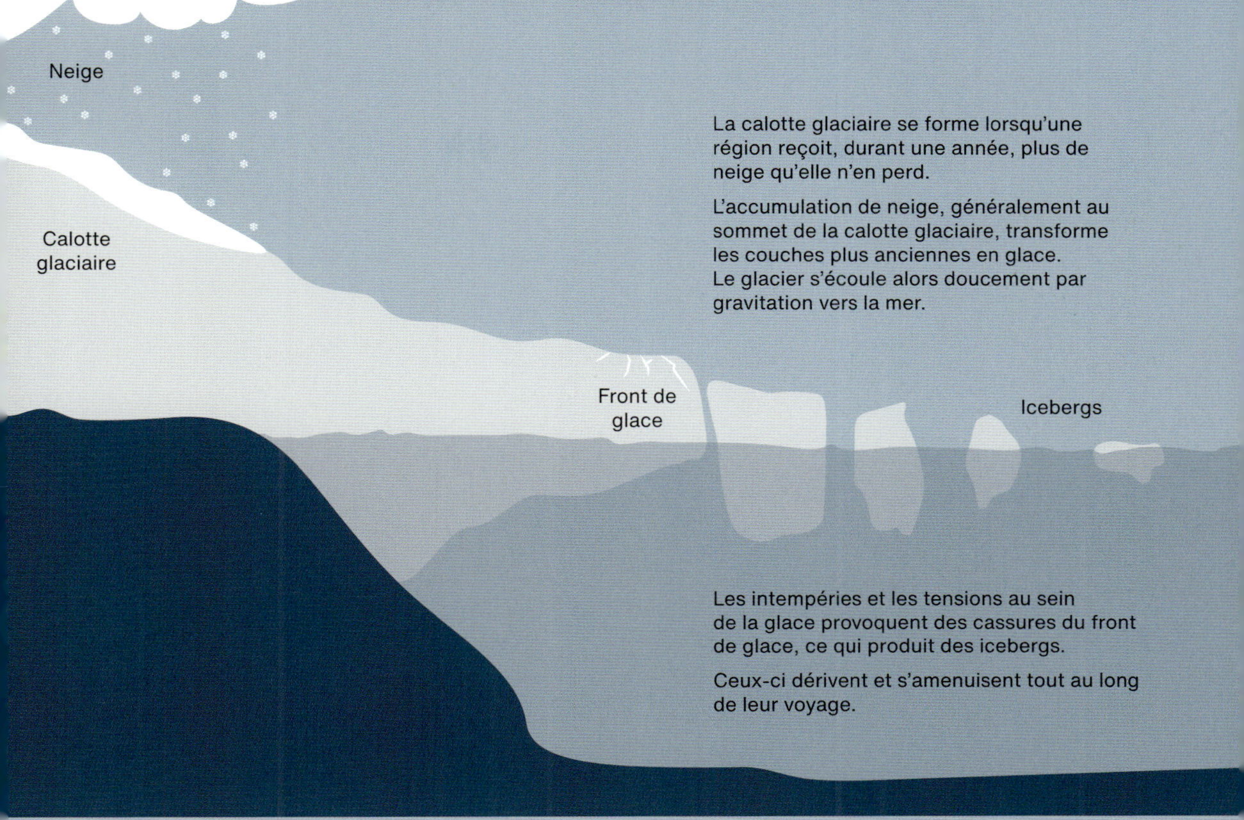

La calotte glaciaire se forme lorsqu'une région reçoit, durant une année, plus de neige qu'elle n'en perd.

L'accumulation de neige, généralement au sommet de la calotte glaciaire, transforme les couches plus anciennes en glace. Le glacier s'écoule alors doucement par gravitation vers la mer.

Les intempéries et les tensions au sein de la glace provoquent des cassures du front de glace, ce qui produit des icebergs.

Ceux-ci dérivent et s'amenuisent tout au long de leur voyage.

FONTE DE LA CALOTTE GLACIAIRE ET ÉLÉVATION DU NIVEAU DE LA MER

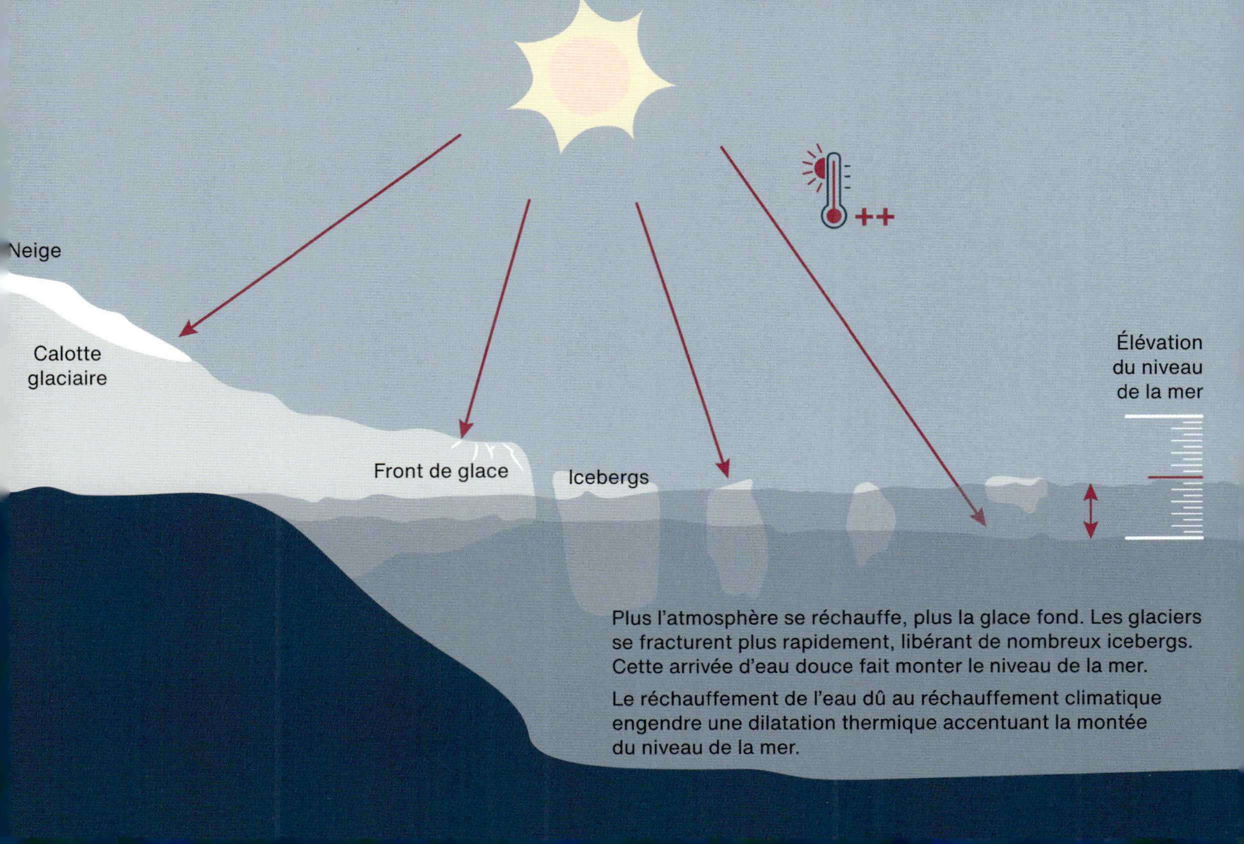

Plus l'atmosphère se réchauffe, plus la glace fond. Les glaciers se fracturent plus rapidement, libérant de nombreux icebergs. Cette arrivée d'eau douce fait monter le niveau de la mer.

Le réchauffement de l'eau dû au réchauffement climatique engendre une dilatation thermique accentuant la montée du niveau de la mer.

Si la fonte de la banquise, constituée d'eau de mer, ne modifie pas le niveau des océans, ce n'est pas le cas des calottes glaciaires, gigantesques réserves d'eau douce. L'amenuisement des glaciers du Groenland et du continent antarctique est en grande partie responsable de l'élévation des océans, qui s'accélère : de 1,4 mm par an au début du XXe siècle, la mer monte en moyenne de plus de 3,6 mm depuis les années 1990.

DES INCENDIES GIGANTESQUES

En asséchant des zones arctiques humides, le réchauffement favorise les incendies. Après un été 2019 difficile, la Sibérie a vécu une saison 2020 cauchemardesque. Dès le mois de février, d'immenses feux se sont propagés au-delà du cercle polaire. Parfois, ils ont approché à moins de 10 km les rivages du Grand Nord. Obscurcissant l'horizon, noyant sous des fumées les villes environnantes, ils ont ravagé 3,4 millions d'hectares de toundra, de forêts et de tourbières riches en carbone. Consumant tout sur leur passage, détruisant faune et flore, ils ont émis dans l'atmosphère 59 mégatonnes de CO_2, selon l'estimation du service de surveillance européen Copernicus. Ces émissions ont dopé le dérèglement climatique, qui, en zone arctique, est alimenté par un second carburant, le méthane, dont l'effet de serre est vingt-cinq fois plus puissant que celui du CO_2, même s'il est moins persistant dans l'atmopshère.

L'INQUIÉTANT DÉGEL DES SOLS GLACÉS

Issu de la fermentation et de la décomposition d'organismes, le méthane, dit « gaz des marais », est stocké depuis des millénaires sous terre. Il s'en échappe lors du dégel des vastes espaces polaires jusqu'ici glacés en profondeur tout au long de l'année. Appelées « pergélisol » en français et *permafrost* en anglais, ces surfaces sont gelées à des profondeurs variant de quelques mètres à plusieurs centaines de mètres. Omniprésent au nord du 60e parallèle, le pergélisol occupe 90 % de la superficie du Groenland, 80 % de l'Alaska, 50 % du Canada et de la Russie.

Sa disparition accélère l'érosion côtière et fluviale, déstabilise les sols et les infrastructures routières, fissure les habitations. Outre de grandes quantités de méthane, il libère des virus oubliés, comme l'anthrax, l'agent responsable de la maladie du charbon, qui se conserve dans la glace pendant un siècle. Durant l'été 2016, un enfant est décédé en Sibérie de cette maladie, qui avait pourtant disparu de la région depuis 75 ans.

La fonte du pergélisol fabrique enfin du gaz carbonique. « *C'est comme ouvrir la porte d'un congélateur géant*, illustre un scientifique. *Désormais à l'air libre, les nombreuses matières organiques et végétales sont dégradées par des microbes et transformées en CO_2.* »

Ci-dessus
Feux de forêt près du lac Baïkal, observés par le spectroradiomètre du satellite *Aqua* de la Nasa le 22 juin 2017.

1. Fonte du pergélisol au Spitzberg.
2. La fonte du pergélisol engendre des fissures du revêtement routier. Ici, en Alaska.
3. Avec la fonte du pergélisol, l'enracinement des arbres est fragilisé. Ils poussent alors en étant inclinés, et certains s'effondrent ; on a alors ce que l'on appelle une « forêt ivre ». Ici, en Alaska.

1

2

3

UN RÉCHAUFFEMENT D'UNE VITESSE INÉDITE

Sans atteindre la même amplitude qu'en Arctique, le dérèglement climatique frappe également l'Antarctique. Les glaciers continentaux qui fondent s'écoulent dans l'Océan, refroidissant sa surface. En profondeur, *a contrario*, l'eau de mer se réchauffe de 0,04 °C par an. La hausse peut sembler minime, mais selon Jean-Baptiste Sallée, chercheur au CNRS, « *elle est en réalité conséquente, car elle affecte un océan dont la température jusqu'ici variait très peu* ».

Dans un passé lointain, les pôles ont déjà connu des variations substantielles de climat, des réchauffements suivis de glaciations entraînant la montée puis le reflux des océans. Mais le dernier bouleversement, dont l'homme est cette fois-ci le principal responsable, semble inédit. La vitesse à laquelle il se met en place est sans précédent. C'est en tout cas ce que montre l'analyse des glaces, une science apparue voici soixante-dix ans et en pleine expansion.

Recul du glacier Lovénbreen dans la baie du Roi, au Spitzberg.

DANS LA GLACE, UNE MINE D'INFORMATIONS

Au moment de leur formation, les glaces emprisonnent divers éléments de leur environnement: gaz, particules, aérosols, pollens, acides, ou encore métaux lourds. En couches superposées, elles stockent des informations cruciales sur l'évolution du climat mondial. Ces données deviennent peu à peu accessibles par le biais de forages qui remontent à l'air libre des carottes de glace, qui sont débitées en échantillons de 1 m de long. Longue et délicate sur le plan technique, l'opération se déroule aux pôles pendant l'été, afin d'éviter les froids extrêmes du reste de l'année.

En 1998, sur leur base antarctique de Vostok, les Russes ont pu étudier 420 000 ans d'histoire climatique après l'extraction d'une carotte longue de 3 623 m. En 2004, une carotte atteignant 3 270 m a permis

Ci-dessus
La fonte du pergélisol libère les sédiments meubles qui s'effondrent et sont arrachés par le va-et-vient de la mer et les tempêtes. Ici, littoral de la mer de Beaufort.

Ci-contre
Dans le cadre du projet Beyond EPICA, les scientifiques espèrent prélever des échantillons de glace vieux de près de 1,5 million d'années. Ici, une carotte de glace extraite de son tube de forage aux abords de la station Concordia, en Antarctique.

LA MÉMOIRE DES GLACIERS DISPARUS

L'intérêt pour les carottes de glace débute dans les années 1950. En 1961, le glaciologue Claude Lorius découvre que la glace, par le biais de sa concentration en deutérium (un isotope de l'hydrogène), peut fournir la température du passé. En 1965, il s'aperçoit, en mettant dans son whisky des glaçons issus d'un carottage, que ceux-ci ont piégé de petites bulles d'air, capables de renseigner sur l'atmosphère de l'époque. Grâce à ses études sur les bulles d'air emprisonnées dans la glace, les travaux de Claude Lorius ont montré le lien direct entre les taux de gaz à effet de serre et l'évolution climatique sur des périodes allant de – 150 000 à – 800 000 ans.

Au rythme actuel du réchauffement, de nombreux glaciers auront disparu d'ici la fin du siècle. Sont particulièrement menacés ceux situés en dessous de 3 500 m dans les Alpes et de 5 400 m dans les Andes. Leur fonte signera la perte des précieuses informations sur le climat recelées entre crevasses et séracs. Sauf si des carottes de glace sont prélevées à temps et stockées dans un lieu suffisamment froid et sécurisé pour permettre une transmission aux générations futures de chercheurs.

Un tel projet, baptisé Ice Memory (la mémoire de la glace), a été lancé en 2015. Parrainé par l'Unesco et soutenu par la Fondation Prince Albert II de Monaco, il vise à installer cette banque mondiale d'archives glaciaires en Antarctique. En France, il est porté par Jérôme Chappellaz, directeur de recherches au CNRS et directeur de l'Institut polaire français Paul-Émile-Victor, qui nous le détaille.

Comment va fonctionner Ice Memory ?

Sur les 200 000 glaciers recensés dans le monde, l'idée est d'en sélectionner une trentaine, particulièrement menacés et représentatifs de leur région. Les carottes seront stockées près de la station de Concordia, de manière 100 % sûre, au moindre coût économique et écologique. Elles seront destinées aux futurs chercheurs qui s'appuieront sur l'évolution des technologies pour en extraire de nouveaux éléments.

Comment s'articule ce projet ?

Ice Memory est géré par une fondation, et son financement provient entièrement de mécènes. Pour l'instant, nous avons levé 2 millions d'euros, qui ont permis de sonder quatre glaciers dans les Alpes, en Bolivie et en Russie.

aux participants européens au projet EPICA (European Project for Ice Coring in Antarctica) de reconstituer le climat depuis 800 000 ans. De nombreux paramètres, comme le tassement de la glace, la déformation des couches et les évènements météorologiques, font que la carotte la plus longue n'est pas forcément celle qui permet de remonter le plus loin dans le temps.

Dans le cadre du projet complémentaire Beyond EPICA (au-delà d'EPICA), un site encore plus prometteur a été identifié. À 40 km de la station Concordia, le glacier serait resté gelé jusqu'au contact avec son socle rocheux. Il suffirait de forer sur 2 850 m pour atteindre une glace vieille d'un million et demi d'années. Séduisante, l'hypothèse de travail sera-t-elle validée ? L'opération a débuté en juin 2019, avec l'installation du camp de base et l'acheminement des premiers matériels. Elle ne devrait pas s'achever avant 2025.

Zone de stockage de milliers de carottes de glace, témoins de l'histoire du climat, au sein de la station Concordia, en Antarctique.

Les carottes issues de ces opérations sont temporairement conservées dans des entrepôts frigorifiques privés. La construction de l'aire définitive de stockage devrait débuter en 2023-2024, à quelques centaines de mètres de Concordia.

Ce sanctuaire n'échappera pas, à terme, au réchauffement planétaire…

Les températures n'y seront pas positives avant plusieurs milliers d'années. La cave va être creusée à 3 200 m d'altitude, au cœur du haut plateau de l'Est antarctique, où la température moyenne annuelle s'établit à – 55 °C et où le thermomètre ne grimpe pas l'été au-dessus de – 20 °C. Sur les quinze dernières années, le réchauffement dans cette zone est quasi imperceptible. Il est surtout prononcé au niveau de la péninsule faisant face à l'Amérique du Sud.

Dans les Alpes, n'est-il pas déjà trop tard pour extraire des carottes ?

Sur le glacier du Grand Combin, à la frontière entre la Suisse et l'Italie, le cinquième forage a effectivement connu l'échec à l'automne 2020. Le site a dû être abandonné après la découverte de grosses quantités d'eau, provenant de la fonte, entre des couches de glace. L'équipe envisage de se reporter sur le glacier du mont Rose, qui, à 4 300 m d'altitude, serait moins impacté.

Le temps presse aussi pour le glacier du mythique Kilimandjaro…

On devait s'y rendre en septembre 2019, mais la Tanzanie a bloqué le projet. Nous sommes toujours dans l'attente d'un feu vert, le dossier est sur la table de la nouvelle présidente. Au sommet, à près de 5 900 m d'altitude, le glacier souffre, en plus du réchauffement, d'un manque d'alimentation en neige. Il pourrait disparaître d'ici une à deux décennies. Son épaisseur ne dépasse plus 50 m. Et dans un air sec, sa glace de surface se transforme directement en vapeur.

UNE CONCENTRATION JAMAIS ATTEINTE DE GAZ À EFFET DE SERRE

Dans l'attente des résultats de Beyond EPICA, 800 000 ans ont déjà livré une partie de leurs secrets et confirmé que la concentration en dioxyde de carbone est déjà à un niveau plus élevé (27 % de plus) qu'il y a 650 000 ans. Depuis 1850, une augmentation de 100 ppm (parties par million) a été constatée pour le gaz carbonique, de 1 000 ppb (parties par milliard) pour le méthane et de 50 ppb pour le protoxyde d'azote. De tels chiffres doivent nous alarmer. Ces augmentations pourraient nous amener à des températures similaires à celles de la dernière période chaude, qui fut provoquée par une cause naturelle, l'orbite rapprochée de la Terre autour du Soleil. De 130 000 à 110 000 ans avant notre ère, la température était de 4 à 5 °C plus élevée qu'actuellement, l'océan Arctique était entièrement libre de glaces en été, et le gigantesque glacier du Groenland avait perdu les deux tiers de sa masse.

LA POLLUTION N'ÉPARGNE PAS LES PÔLES

On pourrait croire que l'isolement des zones polaires et leur faible densité humaine les protègent des diverses pollutions gangrenant le reste de la planète. Il n'en est rien. Issues principalement des activités agricoles et industrielles, de multiples substances toxiques sont acheminées jusqu'aux régions les plus excentrées par les vents et par les courants océaniques. Les gaz à effet de serre y sont présents en quantité, comme d'autres polluants. Dès le début des années 1970, des traces de métaux lourds, cancérigènes pour l'humain, ont été décelées en Arctique chez les Inuits. Le constat n'a pas surpris les chercheurs : ces populations autochtones consomment beaucoup de viande de phoque, prédateur situé en haut de la chaîne alimentaire et dont la chair concentre plomb, mercure ou encore cadmium.

LA BANQUISE, RÉSERVOIR DE MICROPLASTIQUES

Bouteilles, emballages, sacs, bâches, capsules, matériels de pêche, les uns quasi intacts, les autres fragmentés… Ils constituent ce que des scientifiques nomment le « septième continent », une soupe de déchets plastique flottants qui proviennent à 80 % de la terre. Captés par les courants, ils sont entraînés dans tout l'Océan jusqu'à l'Arctique.

Les plastiques sont d'autant plus nocifs qu'ils ont tendance à fixer les autres polluants imprégnant le milieu marin. Sous forme de macrodéchets, ils menacent en mer la survie de mammifères qui les avalent, ou de tortues qui les prennent pour des méduses, leur mets favori. En se délitant davantage, au point de devenir invisibles à l'œil nu, ils deviennent encore plus néfastes, se mêlant au plancton et intoxiquant ainsi l'ensemble de la chaîne alimentaire.

En 2018, une publication scientifique a révélé que la concentration de ces microplastiques battait des records dans la banquise arctique. Les auteurs

Comme partout sur la planète, le plastique est de plus en plus présent dans les régions polaires. Ici, une décharge sauvage à proximité d'une ville groenlandaise.

allemands de cette étude avaient extrait de la glace du pôle Nord des carottes, avant de les analyser par spectromètre infrarouge. L'une d'elles contenait 12000 microparticules de plastique par litre, soit une densité de plusieurs centaines de fois supérieure à celle relevée dans l'eau de mer. Sur l'ensemble des prélèvements, dix-sept formes de polymères de plastique ont été identifiées, dont du nylon, du polyamide, du vinyle et du polyester. La banquise, en fondant sous l'effet du réchauffement, va libérer tous ces microdéchets et les concentrer dans l'Océan. Selon les chercheurs allemands, les plastiques présents dans l'Arctique proviennent essentiellement des côtes sibériennes et du « septième continent » du Pacifique Nord.

COUCHE D'OZONE, L'EXEMPLE À SUIVRE ?

En matière de lutte contre les pollutions, les bonnes nouvelles ne sont pas si fréquentes. Et celle-là en est une, au point de s'ériger en exemple à suivre. Détecté voici quarante ans au-dessus de l'Antarctique, le trou dans la couche d'ozone est en voie de résorption, grâce au bannissement progressif des polluants qui en étaient la cause principale.
Formé de trois atomes d'oxygène, l'ozone est un gaz à deux visages. Selon l'altitude, il est, soit très utile, soit particulièrement dangereux. Dans les basses couches de l'atmosphère, il se révèle toxique pour les humains, provoquant toux, migraines, difficultés à respirer, affaiblissement du système immunitaire. Dans les hautes couches de la stratosphère, entre 10 et 40 km d'altitude, le même gaz est au contraire indispensable, car il filtre les rayonnements ultraviolets du soleil, néfastes pour les êtres vivants, en étant notamment à l'origine de la plupart des cancers de la peau.
À la fin des années 1970, à l'aide de ballons sondes, les scientifiques ont mis en évidence un trou dans la couche protectrice d'ozone au-dessus de l'Antarctique. Selon les saisons, ce trou varie en amplitude. Il grandit à partir du printemps, puis se réduit l'hiver suivant, avant d'entamer un nouveau cycle. À cette époque, sa progression exponentielle d'année en année était due essentiellement à l'emploi massif de gaz de type CFC (chlorofluorocarbures) dans les bombes aérosols et les systèmes de refroidissement équipant climatiseurs et réfrigérateurs.
L'imminence du danger a éveillé les consciences. Elle a suscité la création en 1988 du GIEC (Groupe d'experts intergouvernemental sur l'évolution du climat), puis conduit à la signature du protocole de Montréal. Entré en vigueur début 1989 et ratifié aujourd'hui par l'ensemble des pays membres des Nations unies, l'accord vise à remplacer peu à peu les CFC par des gaz moins destructeurs. À l'exclusion d'usages médicaux, la production de CFC est officiellement bannie depuis 2010. Les scientifiques tablaient initialement sur une résorption du trou dans la couche d'ozone en 2020. Il faudra sans doute attendre 2050.

LE DRAME DES ESPÈCES POLAIRES

Pour disparaître, le grand pingouin (*Pinguinus impennis*) n'a pas attendu le dérèglement climatique. Chassé à grande échelle, il s'est éteint dès la fin du XIXe siècle. Jadis en nombre de Terre-Neuve à l'Islande et au Groenland, le grand pingouin (5 kg pour 85 cm de haut) a été traqué par l'homme pour sa chair, ses plumes, ses œufs et son duvet. Plus cet oiseau incapable de voler devenait rare, plus il était convoité par les collectionneurs et les musées. Alors que ses populations étaient estimées à plusieurs millions d'individus avant l'arrivée des colons européens au XVIe siècle, l'espèce n'a pas résisté 350 ans avant d'être rayée de la carte. Ce funeste sort guette d'autres animaux, cette fois à cause du réchauffement et des pollutions, qui entraînent une dégradation de leur milieu naturel.

Cousin des macareux, le grand pingouin a disparu à la fin du XIXe siècle, exterminé par l'homme (lithographie de John Gerrard Keulemans (1842-1912).

L'OURS BLANC PASSERA-T-IL LE SIÈCLE ?

Le premier menacé est l'ours blanc, ou ours polaire (*Ursus maritimus*), emblématique de l'Arctique. L'impressionnant plantigrade voit rétrécir son habitat, la banquise sur laquelle il chasse, à l'affût, les phoques venant respirer aux trous d'eau. Certes, il est capable de jeûner pendant des mois, notamment pendant la période estivale où la banquise fond. Mais d'année en année, il doit subir une absence de glace de plus en plus longue et importante. Faute de phoques, il tente de capturer d'autres proies, s'aventure loin de ses territoires, jusqu'à s'approcher des habitations pour fouiller les poubelles, à la recherche de substituts qui ne comblent pas ses besoins énergétiques. Selon une étude publiée en 2015, il lui faudrait, pour obtenir l'équivalent de l'apport alimentaire d'un seul phoque, avaler un à deux caribous, ou trente-sept ombles chevaliers, un poisson des eaux douces et froides, ou soixante-quatorze oies des neiges. Le problème est particulièrement aigu au printemps pour les femelles lorsqu'elles quittent leur tanière où elles ont mis bas durant l'hiver. Elles doivent impérativement capturer assez de phoques pour constituer des réserves de graisse leur permettant d'allaiter leurs petits pendant le long jeûne de l'été.

Avec une population estimée à 25 000 individus, l'ours blanc se répartit en dix-neuf sous-populations, au Canada, en Alaska, en Sibérie, au Groenland et dans l'archipel du Svalbard. Au rythme actuel du dérèglement climatique, la quasi-totalité de ces populations risque de disparaître à l'horizon 2100.

Dépendant de la banquise pour la chasse aux phoques, ses proies de prédilection, l'ours blanc est particulièrement menacé par le réchauffement climatique.

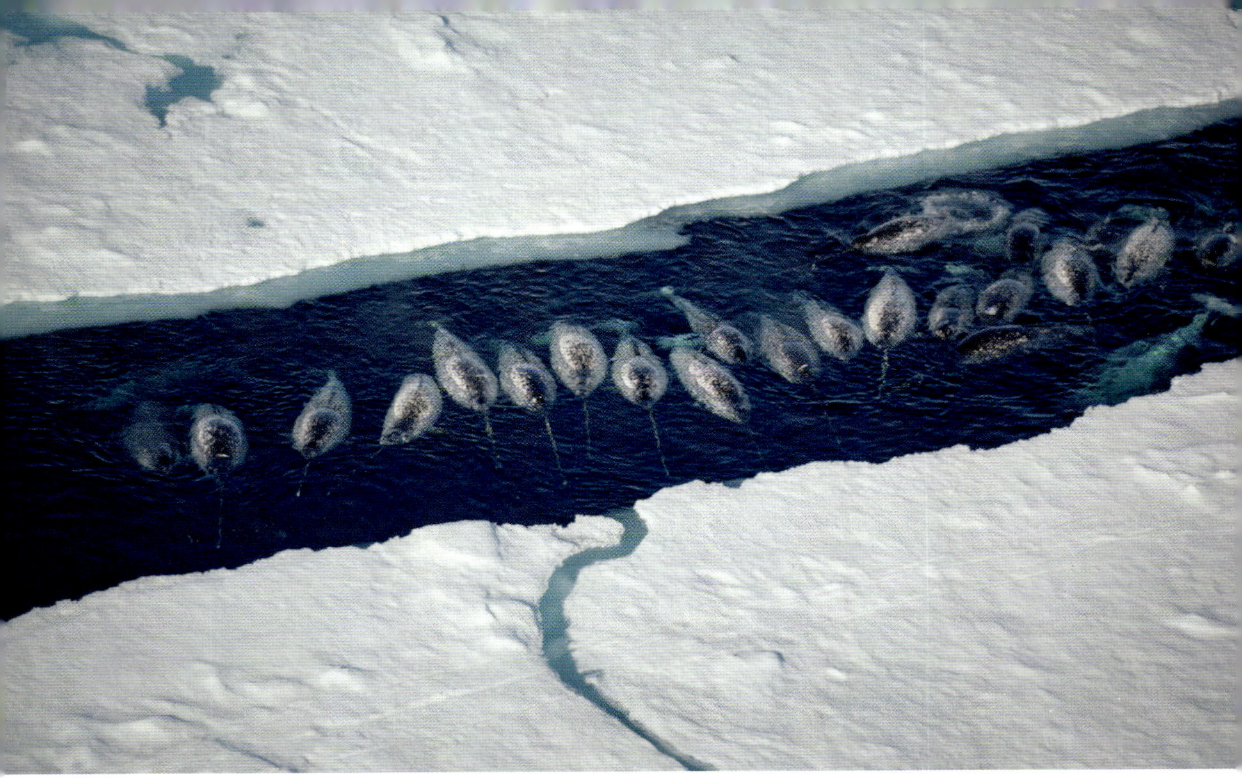

Le narval est très impacté par la disparition de la banquise.

LA VIE DE PLUS EN PLUS DIFFICILE DU NARVAL

Autre animal emblématique de l'Arctique, dont il ne s'éloigne jamais, le narval (*Monodon monoceros*) serait le mammifère marin le plus affecté par le dérèglement climatique. Appelé «licorne des mers» pour l'incroyable défense torsadée en ivoire du mâle, une canine hypertrophiée mesurant plus de 2,5 m de long, le narval demeure entouré de mystères et de légendes. Comme l'ours blanc, ce cétacé, atteignant 5 m et 1,5 tonne, dépend étroitement d'une banquise... en constante régression. Sous la glace de mer, il se protège des attaques d'orques et traque jusqu'à 1500 m de profondeur flétans, morues polaires, calmars et crevettes. De plus en plus changeantes et imprévisibles, les modifications de la banquise peuvent le piéger et le noyer lorsqu'il ne retrouve pas de fissures pour venir respirer à la surface.

Le narval, qui vit en groupes, est chassé de manière traditionnelle, au harpon, par les peuples autochtones du Canada et du Groenland. Ceux-ci se nourrissent de sa chair et utilisent sa défense pour sculpter des objets, source importante de revenus. Le cétacé est très sensible à l'augmentation des taux de polluants dans l'Océan. Il est également agressé par les bruits sous-marins parasites qui perturbent la communication sonore entre congénères. Il a ainsi tendance à fuir les navires, de plus en plus nombreux en Arctique, ce qui diminue sa capacité à s'alimenter, à trouver un ou une partenaire, à prendre soin des petits et à éviter les prédateurs. Les narvals, dont les scientifiques peinent à chiffrer la population, ne seraient pas plus de 170 000.

SOIXANTE-DIX POUR CENT DES MANCHOTS ROYAUX POURRAIENT DISPARAÎTRE

C'est la raréfaction, et surtout l'éloignement de la nourriture, qui, en zone australe, pourraient précipiter le déclin du manchot royal. Chercheuse au CNRS à Strasbourg, première lauréate en 2020 du Prix sur la recherche scientifique en zone polaire et subpolaire créé par l'Académie des sciences et soutenu par la Fondation Prince Albert II de Monaco et l'Institut océanographique, Céline Le Bohec est également responsable du département de biologie polaire au Centre scientifique de Monaco. Elle nous parle de cette espèce qui a besoin pour se reproduire, non pas de banquise comme le manchot empereur, mais de terre ferme, de plages de sable. Dès lors, son habitat se réduit, à la périphérie du continent antarctique, à une quinzaine d'îles.

Pour quelle raison étudiez-vous le manchot royal ?

L'espèce, qui compte 2,3 millions de couples en zone antarctique, est un très bon bio-indicateur, une sentinelle des changements environnementaux qui permet de comprendre le fonctionnement et l'évolution des écosystèmes du pôle Sud.

Pourquoi est-il, à terme, menacé ?

À ce jour, l'espèce n'est pas en péril. Mais au vu des projections, du rythme actuel du dérèglement climatique, sa population pourrait chuter de 70 % d'ici 2100. En raison de la hausse des températures, sa nourriture (petits poissons-lanternes, calmars, krill) va migrer de plus en plus vers le sud, l'obligeant à des allers-retours de plus en plus longs. À partir de l'archipel de Crozet, le manchot royal parcourt aujourd'hui 400 à 500 km pour aller s'alimenter. On s'attend à ce que cette distance passe à 800, voire 900 km, en été, au moment où il lui faut être le plus actif pour nourrir l'unique poussin.

N'est-il pas possible de trouver un lieu de nidification plus proche ?

Non, et c'est bien le problème. L'espèce n'aura pas le temps de s'adapter. Car la ressource alimentaire du manchot royal va s'éloigner beaucoup plus rapidement que le continent antarctique ne va libérer d'espaces libres de glace pour installer une colonie.

Le poussin est très vulnérable ?

En forte croissance, dans l'obligation de se développer vite avant d'affronter l'hiver, il a besoin de beaucoup de nourriture, de la graisse apportée notamment par les poissons-lanternes qui se trouvent au sud. Il meurt si ses parents mettent trop de temps à l'alimenter.

Sait-on pourquoi une colonie a déjà fortement décliné ?

Celle de l'île aux Cochons, dans l'archipel de Crozet, qui était la plus grosse au monde, a perdu en trente ans 80 % de sa population. Pour expliquer cette chute drastique, on a plusieurs hypothèses, sans pouvoir en privilégier une : un agent pathogène, un problème spécifique d'accès à la nourriture, la migration de certains manchots vers d'autres colonies. Les autres populations de manchots royaux sont plutôt stables.

Le réchauffement climatique contraint le manchot royal à parcourir des distances de plus en plus grandes pour se nourrir.

UNE NOURRITURE MOINS ACCESSIBLE

D'autres espèces sont également en danger. La première à disparaître en Arctique pourrait être la mouette ivoire (*Pagophila eburnea*), un bel oiseau blanc lié à l'ours polaire, dont il finit souvent les restes de repas. Au Canada, le nombre de mouettes ivoire a déjà chuté de 80 % !

Le harfang des neiges (*Bubo scandiacus*), un magnifique hibou blanc et brun-gris, n'est pas mieux loti. À l'origine de mythes, de légendes et de représentations des peuples de l'Arctique, le harfang culmine dans l'imaginaire récent au travers du personnage d'Hedwige, la « chouette » de Harry Potter. Ce rapace se nourrit principalement de lemmings. Hélas, ces petits rongeurs se font rares, car ils vivent dans la toundra, une végétation basse très affectée par le réchauffement et remplacée peu à peu par la taïga, la forêt boréale. Les populations de harfangs des neiges déclinent en Amérique du Nord, en Scandinavie et en Russie.

S'il demeure abondant, le mergule nain (*Alle alle*) affronte lui aussi des difficultés croissantes. L'oiseau niche dans des pierriers le long des côtes et s'alimente près de la banquise, plongeant jusqu'à 50 m de profondeur pour capturer du zooplancton. Comme la taille de ses proies diminue, il doit en pêcher davantage, nager plus longtemps et plus loin, dépenser plus d'énergie. Il est en outre intoxiqué par les microplastiques qu'il avale en les prenant pour de la nourriture.

Double page précédente
Colonie de manchots royaux installée de part et d'autre d'une rivière en Géorgie du Sud.

1. La mouette ivoire ne vit que dans l'hémisphère Nord.
2. Harfang des neiges fondant sur sa proie (Canada).
3. Mergule nain étirant ses ailes au Spitzberg.

Pour étudier les manchots, Yvon Le Maho utilise un robot télécommandé recouvert d'une peluche représentant un poussin.

DES ROBOTS PELUCHES POUR ESPIONNER LES MANCHOTS

Directeur de recherche émérite au CNRS de Strasbourg et membre de l'Académie des sciences, Yvon Le Maho a révolutionné l'étude des manchots. Afin de mieux analyser leurs comportements et leur succès reproducteur, il les a équipés de puces électroniques. Pour récupérer les données, il a ensuite introduit dans les colonies des robots coiffés d'une peluche de manchot. L'image de ce faux poussin sur roues, circulant parmi les manchots empereurs et suscitant leur curiosité, a fait le tour du monde en 2014.

Les scientifiques avaient commencé par baguer les manchots...

Cette méthode, inaugurée à la fin des années 1950, perturbait considérablement les animaux. Comme l'a montré notre étude publiée en 2011, les bagues compliquent le déplacement du manchot dans l'eau. Elles font chuter, sur dix ans, sa reproduction de 40 %, sa survie de 16 %.

En 1990, vous faites donc appel aux puces électroniques...

Aujourd'hui banales sur les chiens et les chats, ces puces venaient alors d'être mises au point. Avant leur commercialisation, nous avons conclu un partenariat avec Texas Instrument qui nous a permis de commencer à équiper les manchots royaux.

Comment fonctionnent ces puces ?

Ces implants – d'à peine 0,8 g pour 3 cm de long – sont placés à l'aide d'un pistolet sous la peau du manchot, juste au-dessus des cuisses. Ils envoient un signal permettant d'identifier les animaux. Mais pour le capter, il faut approcher un lecteur à moins de 50 cm. Nous avons résolu la difficulté en installant des antennes réceptrices dans le sol, sur les lieux de passage des manchots.

Puis, vous êtes passé aux robots...

Je voulais aller plus loin, entrer dans une colonie sans devoir m'y promener un lecteur à la main, sans faire grimper au plafond les hormones de stress des manchots et leur rythme cardiaque. J'ai eu l'idée d'utiliser des rovers, des engins télécommandés à distance.

Avec succès ?

Oui. Le manchot royal met des coups de bec et d'ailerons au rover, mais il ne fuit pas comme il le fait devant l'homme. En outre, son rythme cardiaque n'augmente pas plus que lors du passage d'un congénère.

Pourquoi, en ce cas, avoir coiffé les robots d'une peluche poussin ?

Ça, c'est pour le manchot empereur, la seule espèce de manchot qui ne défend pas son territoire et qui recule donc devant le rover. Lorsque le robot est recouvert d'une peluche, il le laisse s'approcher et essaie même de communiquer vocalement avec lui.

Et le manchot empereur ne s'étonne pas de l'absence de réponse ?

Très probablement. C'est pour cela qu'on a commencé à construire un robot manchot adulte, apte à dialoguer et à intervenir à tout moment du cycle reproducteur et non à la seule période des poussins. Il ouvrira de nouveaux champs d'investigation, parmi lesquels l'étude du chant des manchots. Sa mise au point a été interrompue par la pandémie de Covid. On espère pouvoir la reprendre bientôt...

LE PIRE EST SANS DOUTE À VENIR

Avec le réchauffement, le sud du Groenland arrive à cultiver, dans des fermes expérimentales, fraises et concombres. Des poissons des mers tempérées prisés par les consommateurs, comme le thon, remontent en direction des régions polaires. Ces bonnes nouvelles pour les pêcheurs et les agriculteurs de la zone arctique ne doivent cependant pas masquer l'essentiel. À l'échelle planétaire, les effets néfastes du dérèglement l'emportent très largement, et ils vont devenir dévastateurs si l'humain ne parvient pas à freiner le processus en cours.

En absorbant une partie du CO_2 produit par notre consommation effrénée d'énergies fossiles, les océans et les forêts ont jusqu'ici ralenti l'effet de serre. Ils nous ont accordé un répit dont nous n'avons pas profité pour rendre nos comportements plus respectueux de l'environnement, plus économes en carbone. Faute de véritable mobilisation à l'échelle mondiale, de consensus entre les intérêts divergents des grandes puissances, le réchauffement pourrait s'emballer et échapper à tout contrôle, rendant tout retour en arrière impossible.

En l'état, l'objectif affiché en 2015 par l'Accord de Paris – ne pas dépasser + 2 °C d'ici la fin du siècle – paraît hors d'atteinte. La planète s'achemine vers une hausse de plus de 3 °C. Sans mauvais jeu de mots, cette perspective fait froid dans le dos. Avec « seulement » + 1,2 °C enregistré à ce jour depuis l'ère préindustrielle, les dégâts sont déjà considérables.

L'ours polaire s'adaptera-t-il à la disparition rapide de la banquise arctique ?

S.A.S. le prince Albert II entouré des représentants du GIEC lors de la sortie du rapport spécial sur l'Océan et la cryosphère au Musée océanographique de Monaco, en septembre 2019.

L'OCÉAN ET LA CRYOSPHÈRE DANS LE CONTEXTE DU CHANGEMENT CLIMATIQUE

Le Groupe d'experts intergouvernemental sur l'évolution du climat (GIEC) fait autorité depuis 1988 en matière d'évaluation du changement climatique. Il compte 195 pays membres, dont les experts contribuent à la synthèse de toutes les études portant sur ce sujet et approuvent les rapports qui émanent de la communauté scientifique. Le GIEC ne mène pas d'études par lui-même. Il procède à l'analyse collective critique de la littérature scientifique existante, soit des milliers d'articles. Les synthèses régulières du GIEC sur le changement climatique, ses implications et les risques futurs ainsi que ses propositions d'options d'adaptation et d'atténuation font donc l'objet du plus large consensus possible. Le GIEC éclaire les décideurs politiques, sans prescrire de politique.

Entre les grands rapports d'évaluation, des rapports spéciaux mettent à jour et développent l'analyse dans des domaines spécifiques. La production d'un rapport spécial sur l'Océan et la cryosphère dans le contexte du changement climatique a été décidée en 2016, sur proposition des gouvernements et des organisations d'observateurs, en particulier du gouvernement princier de Monaco, de la Fondation Prince Albert II de Monaco et de leurs partenaires. Il a été approuvé et rendu public le 24 septembre 2019 à Monaco.

Ce rapport spécial détaille la situation des régions polaires, notamment le cercle vicieux dans lequel la diminution de la banquise accélère encore le réchauffement de l'Océan, ainsi que les conséquences en cascade sur la biodiversité. Il montre aussi que l'évolution des régions polaires a des répercussions sur la planète entière.

La température de l'air à la surface de l'océan Arctique augmente deux fois plus vite que la température moyenne globale. L'Océan se réchauffe. Si les 75 premiers mètres ont gagné près de 0,5 °C, les couches intermédiaires (entre 700 et 2 000 m) et les plus profondes (en dessous de 4 000 m) commencent aussi à se réchauffer. Ce réchauffement accentue la stratification de l'Océan, limitant les mélanges et les échanges de chaleur, de carbone et d'oxygène, ce qui accroît les risques de vagues de chaleur océaniques et d'évènements extrêmes. L'ensemble de ces processus a un impact sur la production primaire marine à la base de la chaîne alimentaire, sur la distribution des espèces pêchées par l'homme et sur la survie de certains écosystèmes importants pour nos sociétés.

Les nouvelles études qui continuent à sortir, non seulement confirment ces mécanismes, mais réévaluent le plus souvent à la hausse la vitesse et l'ampleur des changements. Elles seront prises en considération par le GIEC pour ses prochains travaux de synthèse.

QUELLES RÉPONSES AUX EFFETS CUMULÉS DU RÉCHAUFFEMENT CLIMATIQUE SUR LES ÉCOSYSTÈMES ARCTIQUES ?

Une eau plus chaude, un peu plus douce, peut-être plus acide, moins de lumière disponible, les écosystèmes arctiques subissent déjà des modifications de leur environnement.

On sait quelles sont les conditions environnementales adéquates pour la survie de chaque espèce, mais on ne connaît pas encore leurs réactions face à la modification simultanée de plusieurs paramètres, qui peut avoir des effets positifs ou négatifs. Si, par exemple, l'augmentation de la température favorise la croissance de certaines espèces, une diminution simultanée d'un autre paramètre peut la réduire.

C'est pourquoi Steeve Comeau, biologiste marin au Laboratoire d'océanographie de Villefranche-sur-Mer (Sorbonne Université), a proposé le programme ORCA (Organismes et communautés benthiques dans un océan Arctique en changement), programme soutenu par la Fondation Prince Albert II de Monaco et qui vise à tester les effets cumulés de tous les changements induits par le changement climatique sur les kelps arctiques.

Cette étude s'intéressera aussi aux relations que les espèces développent entre elles, certaines pouvant prendre l'avantage sur d'autres selon l'évolution des paramètres. Les expériences se dérouleront en hiver, à Ny-Ålesund, au Spitzberg.

Des expériences basées à terre en mésocosme (dispositif expérimental dans lequel les conditions naturelles de vie d'espèces sont reproduites et contrôlables) et des mesures *in situ* (en mer) seront conduites simultanément, les premiers éléments de réponse devraient être connus fin 2022.

Laminaire saccharine (*Laminaria saccharina*) devant un iceberg. Il existe peu d'études sur les écosystèmes algaux des mers froides, et c'est l'un des objectifs du programme ORCA.

LA FONTE IRRÉMÉDIABLE DE LA CALOTTE DU GROENLAND

La fonte des banquises, on l'a dit, est sans effet sur le niveau des océans. Ce n'est pas le cas de celle des manteaux neigeux et des glaciers. Leur progressive disparition, combinée à l'expansion thermique des eaux marines (l'augmentation de leur volume sous l'effet de degrés supplémentaires), fait monter le niveau des océans. Cette élévation a été chiffrée par le Groupe d'experts intergouvernemental sur l'évolution du climat (GIEC). D'ici 2100, elle atteindrait 0,6 m selon l'hypothèse la plus optimiste et 1,10 m selon la plus pessimiste.

Vaste comme trois fois la France (1,7 million de kilomètres carrés), la calotte glaciaire du Groenland est scrutée de près. Sa disparition totale ferait grimper le niveau marin de 7,2 m. Ce sombre scénario ne s'apparente pas à de la science-fiction. Il est jugé de plus en plus probable, à un horizon encore débattu par la communauté scientifique.

Parue en août 2020 dans la prestigieuse revue *Nature*, une étude indique que la fonte de la calotte du Groenland s'accélère depuis le début des années 2000 et qu'elle semble irrémédiable. À l'origine de la publication, des chercheurs américains et néerlandais ont confronté trente ans de relevés satellitaires. Ils constatent que les chutes de neige ne compensent plus les pertes de glaces, pertes

Vêlage d'un glacier en Arctique. C'est la fonte des glaces constituées d'eau douce qui provoque la montée du niveau de la mer.

dont l'importance est grandissante au contact d'une mer et d'un air ambiant de plus en plus chauds. Régulièrement, des masses de glace se séparent d'un glacier, tombent dans l'Océan en menaçant la navigation et parfois la population locale. Durant l'été 2018, un iceberg de 100 m de haut et 200 m de large, d'un poids estimé à 11 millions de tonnes, s'est échoué aux abords du village groenlandais d'Innaarsuit. Le risque qu'un morceau s'en détache et provoque un tsunami a poussé les autorités à évacuer temporairement une partie des 170 habitants.

LE NOMBRE DE RÉFUGIÉS CLIMATIQUES VA AUGMENTER

Les mêmes bouleversements se déroulent en Antarctique. En février 2021, un bloc de glace de la taille de Paris s'est détaché du continent, non loin d'une base britannique dont les chercheurs ont dû être évacués par avion. La calotte antarctique fond, et l'écoulement de certains glaciers s'accélère, d'une manière inégale d'une région à l'autre, avec davantage d'intensité à l'ouest et près du glacier Thwaites, un colosse déjà instable et surnommé en conséquence « le glacier de l'Apocalypse ».

En cas d'émissions de gaz à effet de serre non contrôlées, le point de bascule pourrait être atteint, entraînant un bouleversement irrémédiable. Selon une étude parue en mai 2021 dans *Nature*, le continent blanc contribuerait alors en 2300 à une élévation de 10 m du niveau des océans. « *Mais on ne sait pas encore bien estimer en Antarctique quelle quantité précise de glace va fondre pour chaque degré supplémentaire* », tempère aussitôt l'un de ses auteurs. De l'avis général, la calotte de l'hémisphère Sud devrait subsister plus longtemps que son homologue du Groenland. Il faut en tout cas l'espérer, tant la disparition totale de ces 14,2 millions de kilomètres carrés de glace (soit une superficie supérieure au continent européen) serait cataclysmique. Elle entraînerait une élévation du niveau des océans de 58 m ! En France, les villes côtières seraient noyées, ainsi que Bordeaux, Lille ou Angers.

Quelle que soit son ampleur, la montée des océans va profondément modifier les littoraux. Combinée sous les tropiques à une fréquence accentuée des cyclones, elle va favoriser l'érosion, obliger à restructurer des infrastructures côtières, entraîner des déplacements de populations. Sur ce plan, le Bangladesh, pays pauvre et densément peuplé, est particulièrement vulnérable. Ses 170 millions d'habitants vivent en majorité dans le delta fertile du Gange, à quelques mètres seulement au-dessus du golfe du Bengale. Combien devront fuir l'élévation des eaux ? Qui voudra ou aura les moyens de les accueillir, au sein d'un sous-continent indien en proie à des tensions religieuses et ethniques récurrentes ?

LES OCÉANS POURRONT-ILS ENCORE NOUS NOURRIR ?

Outre la perte de terres habitables, l'être humain s'expose à bien d'autres désagréments. Ainsi, le dérèglement climatique perturbe la circulation thermohaline, le système de courants océaniques qui transporte la chaleur des tropiques vers les pôles et qui régule le climat mondial, assurant à l'Europe de l'Ouest un hiver clément. Cette circulation, indispensable à notre confort, est-elle susceptible de fortement ralentir, voire de s'arrêter ? « *Bien qu'aucune projection ne montre un arrêt total dans les cent prochaines années, on ne peut exclure un tel scénario* », répondent prudemment les représentants du GIEC.

Seconde conséquence du réchauffement, l'Océan, en absorbant davantage de CO_2, devient plus acide. Cette modification chimique a un effet corrosif sur un certain nombre d'animaux, dont les organismes du zooplancton que consomment des centaines d'espèces marines. Leurs coquilles et squelettes se dissolvent petit à petit, entravant leur croissance et leur reproduction. Moins de proies, moins de prédateurs. L'Océan pourra-t-il encore nous nourrir ? Du fait du dérèglement climatique, de l'acidification et de la surpêche, les stocks de poissons auraient déjà diminué, selon les secteurs, de 15 à 35 %, alors que la taille de nombreuses espèces se réduit à mesure que la température de l'eau augmente et recèle moins d'oxygène, indispensable à la vie.

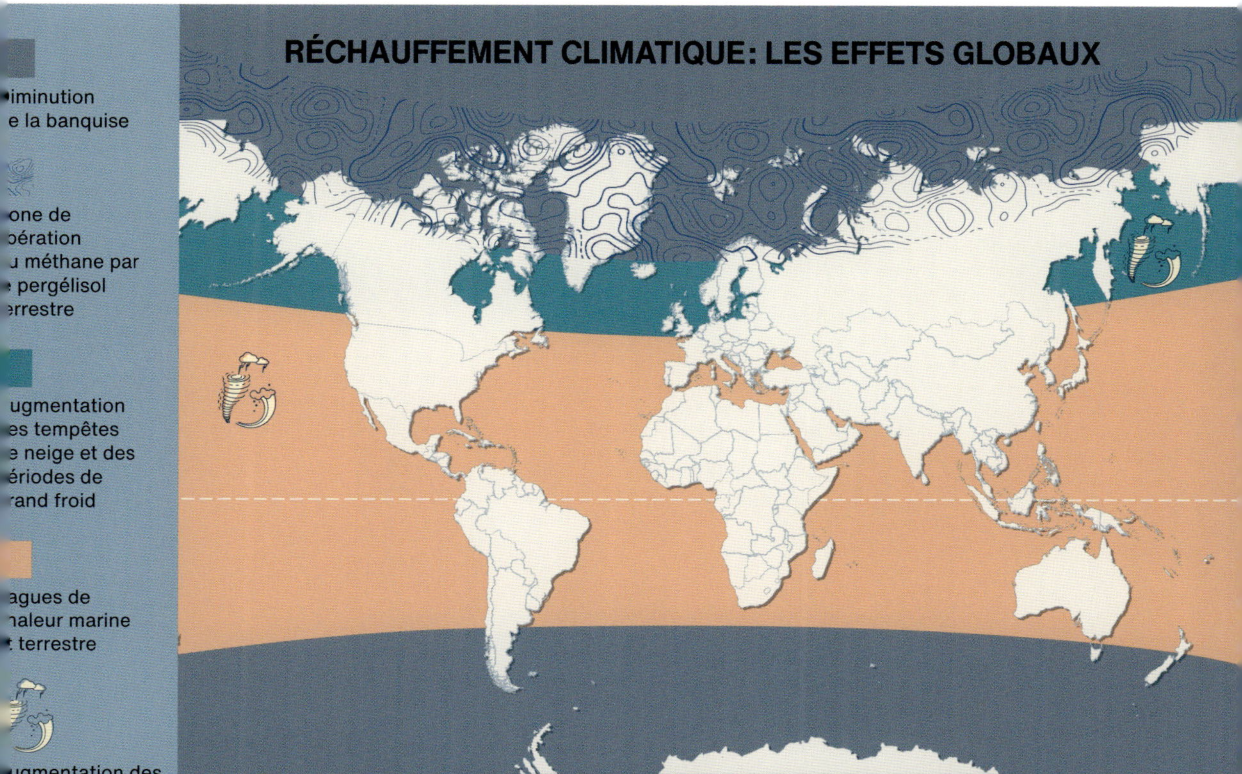

Les effets du réchauffement climatique sont multiples : élévation du niveau de la mer, acidification, perte d'oxygène. Ces impacts ont un effet rétroactif positif sur le réchauffement climatique : ils l'amplifient.

QUEL AVENIR POUR
LES PÔLES ?

Le réchauffement rapide de la planète rebat les cartes à l'échelle du globe. Du point de vue économique, les régions polaires paraissent potentiellement gagnantes, notamment en Arctique. Que faire ? La question s'était déjà posée pour l'Antarctique. Si la réduction inexorable de la banquise arctique annonce un désastre écologique, elle fait aussi des heureux, en ouvrant des horizons en matière de navigation, de pêche, de recherche d'hydrocarbures et de terres rares.

Glace flottante au coucher de soleil en péninsule Antarctique. De tels paysages existeront-ils encore au-delà de 2100 ?

L'ÉMERGENCE DE NOUVELLES ROUTES MARITIMES

La fonte de la banquise arctique libère peu à peu des voies de communication jusque-là prises dans les glaces et impraticables pour la marine marchande. Pour relier plus facilement l'Europe à l'Asie, deux nouveaux axes voient le jour durant la belle saison.

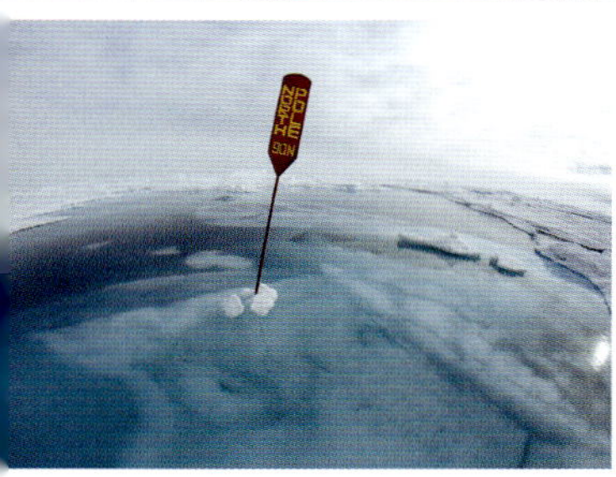

Ci-dessus
La disparition de la banquise au pôle Nord ouvre de nouvelles voies navigables.

En haut
Sillage laissé par un brise-glace dans l'océan Austral.

DES TRAJETS PLUS COURTS…

La première possibilité envisagée, le passage du Nord-Ouest, découvert par Roald Amundsen en 1906, longe les côtes canadiennes, entre les océans Atlantique et Pacifique. Long de 1500 km, il permet de réduire le trajet entre Londres et Tokyo de 30 % par rapport à un voyage classique via le canal de Panama. Désormais en eaux profondes – ce qui n'était pas le cas des premiers tracés plus proches du continent américain –, il n'impose pas aux navires de limitation de gabarit ni de tirant d'eau. Sans surprise, son attrait grandit. Selon un rapport du Conseil de l'Arctique, le nombre de bateaux l'empruntant, en grande majorité sur de petits tronçons, a bondi de 44 % de 2013 à 2019, mais cela reste un passage difficile.

Le second axe, dit « passage du Nord-Est », exploré par Adolf Erik Nordenskiöld en 1878-1879, passe au large de la Sibérie. Plus court chemin entre les grands ports européens et asiatiques, il raccourcit les liaisons maritimes d'environ 6 000 km par rapport à la route du canal de Suez. Il économise une à deux semaines de navigation. En dépit de ces atouts, il n'est emprunté pour l'instant que par des méthaniers brise-glace ou des navires à coque renforcée, car il est libre de glaces seulement trois mois par an. De fait, il intéresse avant tout les Russes pour desservir leurs bases militaires et leurs ports arctiques, à partir desquels sont exportés le gaz, le pétrole, ou encore le nickel de Sibérie. En mars 2021, ironisant sur le porte-conteneurs géant qui venait de bloquer le canal de Suez pendant une semaine, l'Agence fédérale de l'énergie atomique russe Rosatom invitait, par *tweet*, le monde « *à considérer la route du Nord comme une alternative viable…* ».

… ET DES NUISANCES PLUS CONSÉQUENTES

La montée en puissance de ces nouveaux itinéraires n'est sans doute qu'une question de temps. En l'état, plusieurs obstacles l'entravent. Le premier, d'ordre juridique, risque d'aviver encore les tensions entre les puissances. Les Russes et les Canadiens considèrent en effet l'océan Arctique comme une mer intérieure, soumise à leurs propres règles et

à leurs droits de passage, quand les autres nations défendent la liberté de navigation. De leur côté, les armateurs ne sont pas forcément enthousiasmés par la navigation en zone arctique, le gain de temps et d'argent étant contrebalancé par l'obligation d'acquérir des bateaux plus sécurisés, et donc plus coûteux. Certains armateurs, comme CMA CGM, ont même annoncé ne jamais vouloir transiter par le Grand Nord pour des raisons environnementales.

Car l'impact sur des écosystèmes fragiles s'annonce important. L'augmentation du trafic va gravement perturber certaines espèces, comme les narvals et les baleines. Sans précautions prises, elle pourrait aggraver une pollution liée à l'utilisation du fioul lourd comme carburant. Bon marché et abondant, ce produit issu de la distillation du pétrole brut s'est imposé à partir des années 1960, jusqu'à propulser 80 % des navires en 2015. Sa combustion contribue aux émissions de gaz à effet de serre, émet des particules de soufre hautement nocives pour la santé. Elle dépose sur les glaciers de la suie, du noir de carbone qui absorbe davantage de chaleur et accélère la fonte.

Depuis 2011, le fioul lourd est interdit en Antarctique. En Arctique, son utilisation est seulement déconseillée par le Code polaire, un code de navigation entré en vigueur en 2017. Clean Arctic Alliance, coalition d'une vingtaine d'ONG environnementales, soutenue par la Fondation Prince Albert II de Monaco, bataille pour bannir ce carburant ultrapolluant de la zone arctique. En novembre 2020, une telle prohibition a été entérinée par l'Organisation maritime internationale et sera effective en 2024.

Restent le bruit lié au trafic maritime, dont les effets sont pernicieux pour les organismes marins, dont les cétacés, et le risque de pollution en cas d'accident.

En Arctique, la navigation des bateaux de commerce et de tourisme devra être sécurisée par la présence de brise-glace. Ici, le brise-glace *Amundsen*, propriété de la Garde côtière canadienne.

L'APPEL DES MINERAIS ET DES TERRES RARES

L'exploitation des ressources naturelles de la zone arctique ne date pas d'hier. Dès 1920, un puits de pétrole est foré dans le Grand Nord canadien, sur une rive du fleuve Mackenzie. À la même époque, au nord du cercle polaire, l'Union soviétique crée de toutes pièces des villes au plus près des gisements. Au Groenland, des mines de cryolite, un minéral rare entrant dans la production de l'aluminium, sont en service dès le début du XXe siècle. Cependant, l'exploitation à grande échelle du sous-sol est fortement entravée par le pergélisol. Le réchauffement climatique libérant les terres gelées et l'arrivée de technologies performantes d'extraction voient ces contraintes s'estomper, et le potentiel minier s'annonce mirifique.

Nos produits informatiques et de téléphonie mobile nécessitent de nombreux métaux rares ou précieux extraits du milieu naturel.

L'ARCTIQUE REGORGE DE PÉTROLE ET DE GAZ, MAIS FAUT-IL LES EXTRAIRE ?

Selon les services géologiques américains, des volumes énormes d'hydrocarbures dorment sous les fonds marins de l'Arctique. Ils représenteraient 18 % des ressources pétrolières et gazières mondiales non encore mises au jour. Faut-il vraiment les exploiter, alors que de premiers forages se sont révélés décevants ? Sur le marché actuel, le coût d'extraction serait plus élevé qu'ailleurs et la rentabilité moindre, à cause de l'enclavement des sites, d'un climat hostile nécessitant d'adapter les équipements, de salaires élevés pour compenser les rudes conditions de travail. Surtout, ces énergies fossiles ont de moins

en moins la cote. Principales émettrices de CO_2, elles sont peu à peu supplantées par les énergies renouvelables.

Selon une étude britannique parue en 2015 dans la revue *Nature*, pour limiter à 2 °C la hausse des températures mondiales, il faudrait laisser sous terre 35 % du pétrole et 52 % du gaz disponibles sur la planète. L'exemple viendra-t-il du fond de l'Arctique? Si les pays riverains renoncent – on peut toujours rêver – à ces stocks fossiles, pour des raisons environnementales ou simplement financières, ils ne sont pas près d'abandonner d'autres gisements.

Ci-dessus
Une foreuse mobile du champ pétrolifère de Prudhoe Bay, sur la côte nord de l'Alaska, d'où part l'oléoduc trans-Alaska.

Ci-contre
L'oléoduc trans-Alaska parcourt près de 1300 km à travers l'Alaska pour rejoindre le port de Valdez, libre de glace.

Mine d'uranium à ciel ouvert telle qu'elle pourrait être en Arctique. Ici, en Namibie.

DIAMANTS ET URANIUM

Le sous-sol de l'Arctique abriterait d'importantes réserves de diamants. En quantités encore indéterminées, il recèlerait également de l'or, de l'argent, du plomb, du zinc, du tungstène, ou encore de l'uranium. Sans oublier des terres dites « rares », des éléments particulièrement recherchés par les industries de haute technologie, pour équiper les batteries de voitures, les puces de smartphones, les écrans d'ordinateurs portables. Le Groenland, où une mine de rubis est en activité, posséderait la seconde réserve mondiale de terres rares et la troisième réserve mondiale d'uranium. L'exploitation de ces richesses, au sein d'un territoire autonome peuplé majoritairement d'autochtones, est loin de faire consensus. En avril 2021, les Groenlandais, par leur vote, se sont opposés à un projet d'extraction de terres rares et d'uranium, à l'étude depuis plus d'une décennie à la pointe sud du pays.

LES ÉTATS MARQUENT LEURS TERRITOIRES

S'agissant des richesses situées sous l'océan Arctique, qui pourrait en profiter un jour ? Soucieux d'anticiper et d'occuper le terrain, les pays riverains jouent des muscles et militarisent leur zone d'influence. En ce domaine, la Russie a une longueur d'avance. Depuis longtemps, elle considère comme stratégique la navigation le long de sa côte nord et l'accès à ses ressources polaires. Après avoir réinvesti six bases militaires délaissées à l'effondrement de l'URSS, elle construit deux nouveaux brise-glace nucléaires et des pétroliers ravitailleurs capables de seconder toute l'année sa puissante flotte du nord. De son côté, le Canada se dote de patrouilleurs brise-glace armés de canons. La Norvège et le Danemark renforcent également leur potentiel d'intervention dans l'Arctique. La France emboîte le pas, au moins sur un plan symbolique. Son bâtiment de soutien *Rhône* participe à de fréquents exercices militaires dans le Grand Nord et franchit en septembre 2018 le passage du Nord-Est.

LA TENTATION DE LA PÊCHE

La disparition de la banquise rendant accessible de nouvelles ressources halieutiques, il est primordial de mettre en place rapidement une gouvernance responsable pour gérer ces stocks de manière durable.

PAS DE CHALUTIER À MOINS DE 200 KM DU PÔLE NORD

À l'heure actuelle, la zone arctique encore sous l'emprise de la banquise semble assez pauvre sur le plan halieutique, mais cela devrait changer. Avec le réchauffement des eaux, la chaîne alimentaire va produire davantage. Huit cents espèces de poissons des mers tempérées et subarctiques remontent lentement vers les pôles, à raison de 6 à 7 km par an. Le Grand Nord va donc devenir nettement plus attractif pour les chalutiers, avec le risque d'y retrouver les politiques de surpêche à l'œuvre dans d'autres zones de l'Océan.

En décembre 2017, les défenseurs de l'environnement crient victoire : au terme de plusieurs années de négociations, les pays riverains de l'Arctique viennent d'annoncer un moratoire sur la pêche commerciale dans le Grand Nord. Concrètement, les chalutiers ne pourront pas

À l'aube d'une pêche industrielle en Arctique ?

déposer leurs filets dans un rayon de 200 km autour du pôle géographique, soit une superficie équivalente à celle de la Méditerranée. Si cet espace est aujourd'hui recouvert par la banquise, il pourrait, en été, devenir rapidement accessible aux bateaux du fait du dérèglement climatique. Le moratoire court sur seize ans, le temps pour les scientifiques de mieux comprendre les écosystèmes de la région et d'évaluer les possibilités de mettre en place une pêche durable.

EN ANTARCTIQUE, UNE GESTION EXCEPTIONNELLE

Créée en 1982, la Commission sur la conservation de la faune et la flore marines de l'Antarctique (CCAMLR, acronyme de Commission for the Conservation of Antarctic Marine Living Resources) est souvent citée en exemple. Cet organe régional associe la gestion des pêches et la protection de l'environnement, en privilégiant l'approche écosystémique des pêches (cadre d'action permettant de maintenir la biodiversité, les captures et les emplois) et le principe de précaution. Entre autres missions, la Commission contrôle la pêche dans une vaste zone australe de 35 millions de kilomètres carrés. Coordonnée par une trentaine d'États, elle définit des quotas par espèces et, pour s'assurer de leur respect, place des observateurs sur les bateaux. Elle veille en particulier sur la légine, un poisson à forte valeur commerciale, pouvant atteindre 80 kg et 2,15 m de long, ainsi que sur le krill, de plus en plus utilisé en

Est-il réaliste et envisageable d'interdire la pêche industrielle dans les eaux froides, productives et poissonneuses, qui seront prochainement libérées des glaces ?

aquaculture, prisé comme complément alimentaire riche en acides gras oméga-3 et comme composant de certains plats.

C'est pour lutter contre la surexploitation de la légine et du krill que la CCAMLR a vu le jour. A-t-elle instauré des pratiques vertueuses ? Elle a indéniablement amélioré la situation, mais elle reste fragile et basée sur la bonne volonté des États.

La spécificité de la CCAMLR étant de protéger aussi l'environnement, elle gère donc des aires marines protégées, dans un souci de préserver la biodiversité et les espèces exploitées. Malheureusement, au grand dam des ONG, les projets proposés piétinent.

ÂPRE CONCURRENCE POUR LA LÉGINE ET LE KRILL

La légine attise les convoitises. Pour sa chair extrêmement fine et fondante, d'un blanc immaculé, elle est recherchée par les restaurants et les marchés haut de gamme du monde entier, au point d'être qualifiée d'« or blanc ». Elle est également très appréciée des orques et des cachalots, et la concurrence avec les pêcheurs est rude. Les cétacés, qui plongent jusqu'à 2 000 m de profondeur pour capturer des légines, vont parfois au plus facile en se nourrissant directement sur les lignes remontées des pêcheurs et peuvent être blessés ou abattus.

La pêche à la légine a été aussi responsable de la mort de très nombreux oiseaux marins, albatros, puffins et pétrels attirés par les poissons

La pêche à la légine est strictement contrôlée et réglementée en Antarctique.

déjà capturés et retenus prisonniers des lignes de pêche. Au début des années 2000, les Terres australes et antarctiques françaises ont lancé une étude d'observation qui a permis de mettre en place des mesures efficaces pour limiter ces captures involontaires : fermeture de la pêche pendant les pics constatés de mortalité accidentelle, mise en place des lignes la nuit, augmentation de leur lest (afin que les oiseaux ne puissent y accéder facilement en plongée), gestion des rejets en mer pour ne pas attirer les oiseaux...

Quant au krill, indispensable à l'alimentation de nombreux animaux marins, et plus particulièrement des baleines à fanons (une baleine ingurgite jusqu'à une tonne de krill par jour), son exploitation connaît un boom. Avec de nouvelles techniques de pêche, les prélèvements ont bondi de 88 000 tonnes en 2000 à 400 000 tonnes en 2019. Greenpeace s'en inquiète. L'ONG indique que « *la pêche intensive au krill en Antarctique se déroule à proximité immédiate de zones d'alimentation d'animaux tels que les baleines et les manchots, induisant une concurrence directe pour la nourriture* ». Elle déplore « *le transfert en mer de produits de la pêche entre deux bateaux* », permettant aux armateurs de dépasser les quotas et d'agir en toute opacité.

Dans les régions polaires comme ailleurs, la pêche illégale est active et les fraudeurs ne sont jamais à court d'artifices. Démantelé en 2016, un réseau espagnol sévissant dans l'océan Austral n'hésitait pas, pour brouiller les pistes, à changer régulièrement les noms de ses trois bateaux ainsi que leurs drapeaux.

LES AIRES MARINES PROTÉGÉES EN ANTARCTIQUE

Il existe à ce jour deux aires marines protégées en Antarctique. La première, qui couvre 94 000 km², a été établie en 2009 sur le plateau sud des îles Orcades du Sud. Elle a été suivie en 2016 par l'aire marine protégée de la région de la mer de Ross, qui couvre, elle, 2,09 millions de kilomètres carrés. S.A.S. le prince Albert II de Monaco a efficacement contribué à permettre cette décision consensuelle en intercédant notamment auprès de la Russie.

À chaque nouvelle rencontre annuelle des parties prenantes de la CCAMLR, des projets de nouvelles aires de protection sont soumis, mais aucun n'a pour l'instant abouti. Lors de la 43e réunion consultative du traité sur l'Antarctique, qui s'est tenue en France en juin 2021, l'Europe, avec le soutien de S.A.S. le prince Albert II de Monaco, a réitéré sa proposition de deux nouvelles aires marines protégées. La première, située dans l'est de l'océan Austral, protégerait 950 000 km². La deuxième, dans la mer de Weddell, s'étendrait sur 1,8 million de kilomètres carrés. Enfin, un troisième projet, porté par le Chili et l'Argentine depuis 2018, prévoit une aire marine protégée d'environ 650 000 km² dans l'ouest de la péninsule Antarctique.

Ensemble, ces trois aires constitueraient le plus grand espace marin protégé, soit plus de 3 millions de kilomètres carrés et 1 % supplémentaire de l'Océan. C'est lors des prochaines réunions de la CCAMLR, qui se dérouleront à Hobart (Tasmanie), que nous aurons la réponse pour ces projets. D'ici là, de nombreuses ONG accompagnées par des grands noms de l'océanographie et de la gestion durable de l'environnement continueront à mobiliser les citoyens et les politiques pour faire avancer les positions des États bloquants via, par exemple, le groupe d'influenceurs Antarctica2020.

LES AIRES MARINES PROTÉGÉES EN ANTARCTIQUE

L'aire marine protégée (AMP) du plateau sud des îles Orcades du Sud, la première AMP établie par la CCAMLR, en 2009, est aussi la première AMP internationale. Elle s'étend sur 94 000 km².

L'aire marine protégée de la région de la mer de Ross intègre plusieurs zones spéciales destinées à différentes études. Sa surface totale est de 2 090 700 km².

- La zone de protection totale s'étend sur 1 555 900 km².
- La zone spéciale de recherche, de 110 000 km², est une zone de pêche qui sert de référence scientifique.
- Cette zone de 75 000 km² héberge les écosystèmes des monts sous-marins associés à la dorsale Pacifique-Antarctique.
- Cette zone de 21 000 km² héberge l'écosystème sous-marin autour de l'île Scott.
- La zone de recherche sur le krill, de 328 800 km², permet d'étudier les variations de la biomasse du krill antarctique.

L'aire marine protégée proposée par la France et l'Australie pour l'Est-Antarctique serait constituée de trois écorégions disjointes : la zone Mac Robertson, la zone Drygalski et la zone mer de Dumont d'Urville-Mertz. Elle s'étendrait sur 950 000 km².

L'aire marine protégée de la mer de Weddell, d'une superficie de 1 800 000 de km², constituerait un refuge pour des espèces emblématiques : manchots, baleines, phoques, krill...

L'aire marine protégée de la péninsule Antarctique, de 650 000 km², serait une zone tampon interdite à la pêche dans les aires d'alimentation des manchots.

Informations à date, nous ne connaissons pas les décisions relatives aux AMP proposées qui seront prises lors des prochaines réunions de la CCAMLR.

LE TOURISME, BIENFAIT OU MALÉDICTION ?

Sans atteindre les chiffres enregistrés en Europe ou en Asie, le tourisme se développe dans les régions polaires. Certes, il s'agit toujours d'un tourisme de niche, abonné à la belle saison, de novembre à mars dans l'hémisphère Sud et de mai à octobre dans l'hémisphère Nord. Toutefois, hors période Covid-19, la fréquentation augmente de manière soutenue d'année en année, avec un changement d'échelle. L'Antarctique, qui recevait moins de 5 000 personnes en 1990, en accueille 80 000 trente ans plus tard. Au Groenland, les visiteurs ont augmenté de 10 % par an entre 2014 et 2017, pour atteindre 85 000 touristes. Faut-il s'en réjouir, au nom des retombées économiques pour les popu-

Touristes photographiant des poussins de manchots empereurs sur l'île de Snow Hill, en Antarctique.

lations locales et de la sensibilisation aux conséquences du réchauffement climatique, ou faut-il s'en alarmer, au nom des dommages causés à des écosystèmes fragiles et menacés ?

LES VISITEURS, MEILLEURS DÉFENSEURS DES PÔLES ?

Recherche de l'insolite, du dépaysement ultime, paysages immaculés et somptueux, selfies sur la banquise et au milieu d'icebergs. Ou simplement désir de marquer sa différence, de se rendre là où le commun des mortels n'a pas les moyens d'aller. Les incitations sont légion pour aller découvrir les « dernières frontières » glacées. Les voyagistes ne s'y trompent pas, qui multiplient les offres s'échelonnant de 10 000 à 60 000 euros par personne. À partir de l'Amérique du Sud, une quarantaine de navires touristiques, du petit voilier au brise-glace, se rendent en Antarctique. En Arctique, les bateaux, en nombre également croissant, vont toujours plus loin. Ces dernières années, un brise-glace russe était l'unique option pour atteindre les abords du pôle Nord. Depuis l'été 2021, il doit partager ce marché de l'extrême avec un brise-glace français de dernière génération.

Pour limiter l'impact sur l'environnement, l'Association internationale des voyagistes antarctiques (IAATO, International Association of Antarctica Tour Operators) est née en 1991. Forte aujourd'hui d'une centaine de membres, elle défend un tourisme responsable, avec des règles strictes, sur la petite partie du continent blanc ouverte aux visites. Les gros bateaux de plus de 500 passagers sont interdits de débarquement. Les autres ne peuvent débarquer plus de cent personnes à un même endroit et pour une heure seulement. Les vêtements et équipements doivent être nettoyés à l'aller comme au retour. Il est interdit de déranger les animaux, d'emporter un souvenir et, bien sûr, d'abandonner des déchets sur place.

En Arctique, les voyagistes jouent aussi la carte du tourisme durable. Beaucoup indiquent choisir les itinéraires et les visites en concertation avec les communautés autochtones, mettent en avant les retombées financières pour ces populations locales. Tous ou presque, dans les deux hémisphères, assurent avoir pour objectif que leurs clients se muent en « ambassadeurs » des pôles.

D'autres projets de sensibilisation à la cause des pôles existent, comme en Principauté de Monaco, où, depuis 2010, la Fondation Prince Albert II de Monaco soutient le concours « Students on ice », créé il y a dix-huit ans au Canada. Ce programme permet, chaque année, de mettre de jeunes étudiants de différentes nationalités, dont deux élèves de la Principauté, au contact des réalités de la région arctique. Mille sept cents élèves y ont déjà participé. Après l'expédition, les étudiants restent connectés et sont invités à contribuer à des projets de

Double page suivante
Bateau de croisière devant un glacier à Neko Harbor, passage obligé des touristes en Antarctique.

« HORS DE QUESTION D'IMAGINER UN TOURISME DE MASSE DANS CES RÉGIONS »

Jean-Emmanuel Sauvée a cofondé en 1988, et dirigé jusqu'à fin 2020, la Compagnie du Ponant, une société de croisières de luxe à destination, entre autres, des zones polaires. Il préside aujourd'hui Armateurs de France, une organisation professionnelle fédérant les entreprises hexagonales de transport et de services maritimes.

Le tourisme polaire a-t-il été totalement stoppé par la pandémie de Covid-19 ?

Oui, comme l'ensemble du tourisme. Les 350 navires de croisière naviguant dans le monde sont encore à l'arrêt (NDLR : au début du mois de juin 2021). Ils vont redémarrer tout doucement, probablement à l'été 2021. Cependant, la situation sanitaire demeure incertaine. Une véritable reprise ne devrait pas intervenir avant l'été 2022.

Ce tourisme risque de fragiliser davantage des milieux très vulnérables...

Ce ne sont pas les bateaux, les 50 000 passagers en escale chaque année sur le continent antarctique, qui abîment ces contrées, mais plus sûrement nos émissions de CO_2 à l'échelle de la planète.

De vos passagers, vous souhaitez faire des ambassadeurs des pôles...

Effectivement. On part du principe qu'on ne protège jamais autant ces régions qu'en les faisant découvrir. On suscite assez facilement des passions chez nos clients. Certes, notre approche doit rester raisonnable. Il est hors de question d'imaginer un jour un tourisme de masse, qui serait un vrai fléau. Les zones polaires doivent rester préservées, sans être réservées aux seuls scientifiques.

De nombreux visiteurs semblent surtout céder à l'effet de mode...

C'est possible pour certains d'entre eux. Mais après avoir emmené dans ces régions des milliers de gens depuis presque vingt-cinq ans, je peux témoigner que la grande majorité est mue par un véritable intérêt, qu'elle se soucie des enjeux environnementaux.

La tendance est d'embarquer des scientifiques pour leur permettre de mener des travaux...

Au Ponant, cela va être le cas du *Commandant Charcot*, le brise-glace de dernière génération capable de naviguer à travers la banquise jusqu'aux abords du pôle Nord. Les chercheurs peuvent ainsi utiliser les navires de croisière pour mieux observer ces régions.

Mais le temps des scientifiques, forcément long, n'est pas celui des visiteurs, forcément bref...

Ce qui intéresse les chercheurs, c'est moins la durée des visites que leur régularité. Lorsque Ponant réalise quarante croisières antarctiques par an au départ d'Ushuaïa, cela fait quatre-vingts passages de Drake (le bras de mer séparant l'extrémité sud de l'Amérique et l'Antarctique), quatre-vingts opportunités de prendre des mesures, de voir les évolutions dans le temps.

En matière de tourisme, comme de développement économique, les peuples de l'Arctique regrettent d'être peu associés...

Les réticences à nous accueillir sont extrêmement rares et nous les respectons. Ces populations ont envie de faire découvrir leur culture, et cela leur procure des ressources qui, dans certains cas, ne sont pas négligeables. Nous payons des droits, des taxes aux communautés, aux fédérations de tourisme, aux agents maritimes.

Les visiteurs dépensent surtout à bord des bateaux et non à terre...

C'est vrai pour les très gros navires de croisière, disposant par exemple de casinos. Cela ne l'est pas pour nos bateaux d'expédition. Pour les balades, nos clients utilisent des bateaux locaux pour se rendre au milieu des glaces, ils achètent des produits de l'artisanat local.

Faut-il interdire au plus vite le fioul lourd en Arctique ?

Oui, incontestablement, comme c'est le cas depuis dix ans en Antarctique. Ponant a banni depuis très longtemps ce carburant très polluant. Nous n'utilisons que du fioul léger, voire du gaz naturel liquéfié pour le *Commandant Charcot*.

protection des régions polaires. En améliorant leur connaissance des grands enjeux environnementaux, ils peuvent devenir des ambassadeurs auprès des jeunes de leur génération.

Ci-dessus
Les croisiéristes sensibilisent leurs passagers à la fragilité des milieux polaires.

En haut
Chaque année, des étudiants partent à la rencontre des populations autochtones du Canada grâce à la Principauté de Monaco.

TOUT LE MONDE N'EST PAS VERTUEUX

Le voyage transforme-t-il les touristes en ardents défenseurs de la cause environnementale, de l'intégrité de l'Arctique et de l'Antarctique ? Deux chercheurs australiens en doutent. En étudiant leurs comportements avant et après la croisière, ils ont relevé « *le peu ou même l'absence d'effets durables chez des voyageurs manquant souvent de réflexion sur leur propre impact écologique* ».

En Antarctique, les tour-opérateurs n'ont pas tous adhéré à l'IAATO et n'appliquent donc pas tous ses règles vertueuses. Des espèces jusqu'ici inconnues sont apparues, comme des mouches ou des pâturins, herbes poussant en touffes drues. En mer, sont également signalées

COMMENT *TARA* SENSIBILISE PETITS ET GRANDS AUX ENJEUX ENVIRONNEMENTAUX

Tara est un célèbre bateau français de recherche scientifique, une gracieuse goélette à deux mâts qui arpente mers et fleuves du monde entier. D'abord baptisé *Antarctica*, ce dériveur en aluminium de 36 m de long pour 10 m de large fut construit en 1989 pour l'explorateur Jean-Louis Étienne. Racheté sept ans plus tard par le navigateur néo-zélandais Peter Blake, il est finalement devenu *Tara* en 2003, après sa reprise par Étienne Bourgois et agnès b. pour la Fondation Tara Océan, basée à Lorient.

Pour sa première expédition, le bateau a réalisé de 2006 à 2008 une dérive de plus de 500 jours au cœur de l'océan Arctique, avant de mener une étude planétaire du plancton et de l'impact des microplastiques. À l'exploration scientifique, sa vocation initiale, s'est ajoutée une seconde fonction, la sensibilisation aux enjeux environnementaux. Cette dernière mission représente aujourd'hui 50 % de l'activité de la Fondation Tara Océan, comme le précise son directeur général, Romain Troublé.

Pour remplir votre mission, quels publics ciblez-vous ?

L'Océan concerne tout le monde. Alors nous nous adressons, par l'intermédiaire des médias et des réseaux sociaux, au public le plus large possible. Aux jeunes adultes, mais surtout aux scolaires, en primaire et en secondaire, que nous rencontrons dans leurs établissements ou sur le bateau, qui sensibilisent à leur tour leurs parents et leurs grands-parents.

Dans ce rôle, avez-vous parfois l'impression de vider la mer avec une cuillère ?

(Rire.) C'est le quotidien de toutes les ONG. Cela nous arrive effectivement de prêcher dans le désert. Mais bon... Il faut persévérer, communiquer le mieux possible et tenter de convaincre un maximum de gens. Tant il y a urgence à agir pour l'Océan.

Les efforts pour la planète, c'est l'autre qui doit les faire...

Cette attitude est, hélas, généralisée. Les éoliennes sont mieux dans le jardin du voisin que dans le sien. En outre, malgré les récents méga-incendies, de nombreuses personnes continuent à dire : « *Dans ma vie de tous les jours, il n'y a pas d'impact* ». Face à cela, il faut trouver les mots justes, s'appuyer sur les faits scientifiques, détailler les services vitaux rendus par l'Océan, en matière notamment de captation du CO_2.

Malgré tout, la sensibilisation de l'opinion progresse...

C'est indéniable. Dans l'Éducation nationale, il y a beaucoup plus de sujets portant sur les enjeux de la planète. Notre propre impact, en nombre de scolaires touchés et de professeurs formés, augmente de 25 à 30 % par an.

des espèces invasives, telles que des étoiles de mer et des algues, ainsi que des pollutions liées à la navigation, dont des marées noires. Fin 2013, un incident a rappelé les dangers de la navigation dans ces eaux australes : non loin de la base française Dumont-d'Urville, l'*Akademik Chokalskiy*, un navire russe transportant des scientifiques et des touristes, s'est retrouvé bloqué pendant deux semaines dans la banquise. Le brise-glace chinois *Xue Long* et son hélicoptère, venu au secours des 52 passagers, a été piégé à son tour. Il a pu se dégager quelques jours plus tard, grâce à des conditions météorologiques favorables.

En Arctique aussi, le tourisme pose question. La montée en puissance des vols aériens et des navires de croisière provoque du dérangement, des nuisances sonores et de la pollution accélérant la fonte des glaciers.

La goélette *Tara*, prise par les glaces, a dérivé durant 507 jours, à l'instar du *Fram* à la fin du XIXe siècle. Cette photo fut la dernière prise avant que l'équipage soit livré à lui-même, en septembre 2006.

Quel est le but de l'expédition Tara, partie en décembre 2020 de Lorient ?

Elle va étudier en zone australe les comportements du petit peuple des océans, bactéries, virus et autres micro-algues. Un seul litre d'eau de mer en contient un milliard. Ce véritable bouillon de culture contribue à la production d'oxygène, grâce à la photosynthèse, et au stockage du carbone, via la chaîne alimentaire.

Tara a déjà identifié 200 000 virus marins. L'un d'eux pourrait-il nous contaminer ?

Dans la mer, il y a évidemment des coronavirus. L'un d'eux passera-t-il à l'homme, comme l'a fait la Covid-19 ? Je n'en sais rien. Pour se prémunir d'un tel scénario, le mieux est de cataloguer les virus, de les ranger par familles et par types afin de savoir, demain, comment répondre efficacement et rapidement à une éventuelle menace...

Où en est votre projet de base dérivante en Arctique ?

Conçu avec le soutien de la Fondation Prince Albert II de Monaco et de la Société des explorations de Monaco, il est bien avancé sur les plans technique et scientifique. Reste à trouver les fonds manquants pour sa mise en construction, environ 60 % de l'enveloppe totale. On l'appelle « base », mais ce sera un bateau, dédié à un océan Arctique qui dégèle de plus en plus. Il y dérivera par rotations de dix-huit mois, sur une durée totale de vingt ans. Il sera opérationnel, au plus tôt, en 2023.

Les retombées économiques ne sont pas toujours au rendez-vous. Par exemple, les croisiéristes dépensent peu hors de leurs bateaux.

Faudrait-il encadrer strictement, voire limiter les voyages dans les régions polaires ? Certains défenseurs de l'environnement le pensent. Ils déplorent la vogue actuelle du « tourisme de la dernière chance ». Un tourisme paradoxal, d'un côté producteur de gaz à effet de serre, mais curieux de constater les dégâts sur un monde fragile, avant-poste des effets du réchauffement climatique.

Comme souvent, le manichéisme est stérile : tout interdire ou tout autoriser n'est pas une alternative viable. La solution réside vraisemblablement dans l'instauration de règles strictes et dans la responsabilisation des entreprises.

DES PEUPLES ARCTIQUES EN PLEIN DILEMME

À quelques exceptions près, les peuples arctiques demeurent des minorités au sein de leurs États de rattachement. Ils sont peu ou pas entendus par leurs gouvernements centraux. Avec le réchauffement accéléré de leurs territoires, ils sont pourtant confrontés à un douloureux dilemme. Doivent-ils tenter de sauvegarder à tout prix leur identité et leur environnement polaire, ou au contraire profiter, sans trop se poser de questions, des opportunités offertes par la fonte des glaces en termes de développement économique ?

Ces cinquante dernières années, les conditions de vie de ces peuples ont radicalement changé. Avec la multiplication des liaisons aériennes, les régions les plus reculées se sont ouvertes du jour au lendemain au monde extérieur. De l'Alaska au Grand Nord sibérien, les peuples autochtones se sont en grande majorité sédentarisés et peu à peu occidentalisés. Ils ont remplacé le kayak par le canot à moteur, le traîneau par la motoneige. Longtemps installés en communautés isolées, ils se sont regroupés en gros villages ou en petites villes. Ils ont délaissé la grande maison abritant plusieurs familles pour des habitats individuels. Chasseurs-cueilleurs depuis des millénaires, ils sont de plus en plus nombreux à occuper des postes salariés.

S'ils sont entrés dans la modernité, les peuples arctiques n'en demeurent pas moins attachés à leur culture. Comme ils l'expriment régulièrement lors de conférences sur le climat, ils souhaitent que leur écosystème demeure froid, car ils savent le maîtriser. Ils tiennent tout particulièrement à la banquise, où certains d'entre eux peuvent continuer à chasser phoques et ours blancs.

Pour ne pas saccager davantage cet environnement, pour ne pas accentuer le dérèglement, sont-ils prêts à renoncer, au moins en partie, à la manne promise par l'ouverture de mines et de ports en eaux profondes ? Le débat fait rage, notamment au Groenland, qui dispose d'une grande autonomie vis-à-vis du gouvernement central du Danemark et qui souhaite l'indépendance. Interdite sur cette île glacier depuis 1988, l'extraction de l'uranium a finalement été autorisée en octobre 2020. Dans le même temps, le gouvernement groenlandais a accordé sa première grande concession minière à une compagnie britannique, pour un gisement de fer. Ces décisions visaient à diversifier l'économie, à la rendre moins dépendante des subsides de Copenhague, et surtout de l'industrie de la pêche, qui fournit 90 % des revenus. Mais loin d'être consensuelles, elles ont entraîné la chute du gouvernement social-démocrate

lors d'élections anticipées en avril 2021. Le scrutin a été remporté par le parti d'opposition Inuit Ataqatigiit, qui avait promis de stopper un projet de mine d'uranium et de terres rares exploitée par une compagnie australienne à capitaux chinois, arguant des dommages environnementaux et des faibles retombées pour les locaux.
Le développement du tourisme semble moins conflictuel. Dépourvu de routes, le Groenland est en train de moderniser deux de ses (petits) aéroports et débute la commercialisation de l'eau provenant des glaciers, une eau très pure selon des études géologiques danoises. À Ilulissat, capitale groenlandaise du tourisme, les maisons typiques aux façades multicolores proposent désormais des hébergements, et les bateaux de pêche se transforment en navettes pour visiteurs.

Les traditions inuites disparaissent avec le passage d'un mode de vie nomade à une existence sédentaire. Quelques anciens ont encore le savoir-faire pour construire les igloos. Ici, à Gjoa Haven, hameau de l'extrême nord du Canada où vivent des Inuits.

AU NUNAVIK, LES INUITS VEULENT PRENDRE LEUR DESTIN EN MAIN

Anthropologue de nationalité canadienne, Lisa Koperqualuk est vice-présidente du Conseil circumpolaire inuit, fondé en 1977 pour représenter les 160 000 Inuits vivant au Canada, en Alaska, au Groenland et en Russie. Elle nous parle de sa terre, le Nunavik, un territoire inuit de la taille de l'Espagne, occupant le tiers nord de la province du Québec. Accessible uniquement par avion à partir de Montréal, cette vaste zone arctique de 507 000 km² est faiblement peuplée. Elle compte à peine 14 000 habitants, en quasi-totalité inuits, qui se répartissent en quatorze communautés, reliées entre elles par la seule voie des airs.

Quel est le degré d'autonomie du Nunavik ?

Depuis 1975, les services essentiels pour la population (santé, écoles, services sociaux…) sont dirigés par des Inuits élus par leurs communautés. Mais notre langue inuite, l'inuktitut, n'est toujours pas reconnue officiellement. Nos enfants peuvent être éduqués en inuktitut jusqu'à la troisième année de l'école primaire, mais l'administration du Québec nous envoie des documents en français, souvent non traduits, et donc incompréhensibles pour nos aînés. Nous n'avons pas le pouvoir d'édicter nos propres lois, ni de décider de nos priorités.

Le Nunavik rêve-t-il d'indépendance ?

Absolument. Nous avons un rêve d'autodétermination, en demeurant à l'intérieur de l'État fédéral. Mon grand-père disait toujours « on est Inuits mais aussi Canadiens ». Depuis plusieurs décennies, avec les autorités d'Ottawa et de Québec, nous travaillons à réaliser ce rêve, avec parfois des reculs, comme en 2011, où nous avons refusé par référendum un projet d'accord insuffisant à nos yeux. Je suis l'une des négociatrices de ce processus.

Quel est l'impact de la mondialisation sur le mode de vie inuit ?

Il y a toujours eu des contacts avec le monde extérieur. La mondialisation a des côtés positifs, comme la technologie, dont nous bénéficions comme le reste du monde. Et des impacts négatifs : le changement climatique, l'introduction d'une nourriture pas toujours bonne pour notre santé, l'affaiblissement de notre langue, la domination d'une culture qui étouffe la nôtre.

La mondialisation est-elle responsable de la montée de la violence et de l'alcoolisme ?

Les causes sont plutôt la colonisation et l'oppression de notre peuple. Des Inuits ont été déplacés de force. Des enfants ont été transférés contre le gré de leurs

Le village de Salluit est un lieu de rassemblement de la communauté inuite du Nunavik.

parents dans des pensionnats d'autres provinces. Beaucoup d'Inuits ont perdu le contrôle de leur vie depuis des décennies, ont vécu une violence extrême. À la suite de ces traumatismes, certains ne sont plus capables d'élever leurs enfants d'une façon appropriée.

Parlez-vous, comme d'autres, de « génocide culturel » ?

Je suis complètement d'accord avec ce terme. On a essayé de faire disparaître notre culture en pensant que c'était mieux pour nous. Mais voilà, nous sommes encore là. Cette politique d'assimilation relève du passé, mais le colonialisme demeure. Certains relents subsistent, comme le racisme systémique. En 2020, quelques heures avant de mourir dans un hôpital du Québec, une femme attikamekw (d'un autre peuple autochtone) a filmé des infirmières en train de l'insulter. Une enquête est en cours.

Les Inuits veulent-ils avant tout préserver leur culture ou se développer économiquement ?

Ce n'est pas l'un ou l'autre. Les Inuits demeureront des chasseurs, des spécialistes de la faune et de la flore de l'Arctique. Ils ne sont pas opposés aux mines, qui leur apportent des emplois. À condition que les compagnies minières aient de bonnes relations avec eux, qu'elles partagent les bénéfices, qu'elles fassent attention à l'environnement, aux sentiers de migration des caribous.

Le tourisme, est-ce un atout ou une nuisance ?

Au Nunavik, il est très peu développé. Mais c'est un plus si les Inuits peuvent participer à cette industrie, accueillir le monde extérieur, et surtout montrer notre culture, notre adaptation millénaire aux milieux extrêmes. Je reviens toujours à ça : nous sommes des porteurs de connaissances que nous avons besoin de partager à tous les niveaux ; dans le tourisme, dans la recherche scientifique d'où nous sommes jusqu'ici exclus, dans les instances internationales qui prennent des décisions concernant l'Arctique.

Quelles instances ?

Au sein du Conseil de l'Arctique, où notre voix n'est que consultative. À l'Organisation maritime internationale, que le Conseil circumpolaire inuit espère intégrer, comme membre consultatif, pour que notre voix soit au moins entendue.

1. Augmentation du niveau de la mer et événements extrêmes accentuant l'érosion du littoral.
2. Incendies destructeurs de la flore et de la faune locales.
3. Fonte du pergélisol fragilisant les infrastructures.
4. Accessibilité à de nouvelles ressources naturelles à terre et en mer.
5. Développement de nouvelles industries à terre.
6. Développement d'infrastructures touristiques.
7. Accessibilité par la mer facilitée.
8. Pêche bénéficiant de nouvelles espèces.

RÉCHAUFFEMENT CLIMATIQUE : IMPACTS LOCAUX

COMMENT GÉRER LES RÉGIONS POLAIRES?

À première vue, le contraste est total entre l'Arctique, région sous haute tension militaire et politique, et l'Antarctique, zone de paix dédiée à la recherche scientifique.

À la différence de l'Antarctique, dont les richesses restent enfouies sous la glace et difficilement exploitables, les trésors de l'Arctique sont désormais à portée de main. Les pays riverains ne s'y trompent pas, qui montrent un intérêt de plus en plus pressant, et concurrentiel, pour ce nouvel Eldorado. «*Ils se sont engagés dans une course de vitesse pour étendre au maximum vers le nord leur plateau continental (la zone de faible profondeur, proche des côtes) et revendiquer le plus possible de fonds marins*», résume l'institut norvégien Nansen. Dans ce but, les Russes ont marqué les esprits en 2007. À l'aide d'un sous-marin de poche muni d'un bras mécanique, ils ont planté un drapeau en titane à leurs couleurs à l'aplomb du pôle Nord, à... 4261 m de profondeur.

Les convoitises géopolitiques et économiques des uns et des autres iront, à n'en pas douter, *crescendo*. En Arctique, où se joue une lutte d'influence inédite depuis la fin de la guerre froide, ces appétits vont-ils reléguer au second plan les impératifs de conservation de cette région clé pour l'avenir et le climat du monde? La Russie utilise déjà les ressources accessibles sur son territoire et offre à la Chine, par le biais d'accords bilatéraux, la possibilité d'être présente en zone polaire.

LE CONSEIL DE L'ARCTIQUE EN GRANDE DIFFICULTÉ

La région arctique est-elle soumise à la loi des États les plus forts et à leur politique du fait accompli? Sur le papier, l'existence depuis 1996 du Conseil de l'Arctique a évité d'en arriver là. Cette organisation intergouvernementale gère les intérêts des huit États riverains (États-Unis, Canada, Danemark, Islande, Suède, Finlande, Norvège et Russie). Elle est censée régler de manière concertée les conflits, favoriser le développement économique durable de la région, au bénéfice notamment des peuples autochtones, qui ont, au sein de cette assemblée, une voix consultative. Cependant, ses difficultés vont *crescendo*, car elle se retrouve prise en étau entre sa tradition de coopération pacifique et les ambitions, qui ne se cachent plus, des uns et des autres.

À la fin des années 1980, le contexte est nettement plus détendu. En 1987, Mikhaïl Gorbatchev, président d'une Union soviétique en voie de désagrégation, appelle à faire du pôle Nord «un pôle de paix». S'engage alors un dialogue entre les États riverains, qui aboutit neuf ans

MICHEL ROCARD, UN PREMIER AMBASSADEUR DES PÔLES TRÈS ENGAGÉ

Le poste d'ambassadeur de France pour l'Arctique et l'Antarctique a été créé en 2009 par Nicolas Sarkozy, alors président de la République. Il a été confié à Michel Rocard, qui, trente ans plus tôt, avait joué un rôle déterminant dans la sanctuarisation de l'Antarctique. Il était donc légitime pour représenter l'Hexagone et ses intérêts stratégiques auprès des organismes chargés de gérer les pôles. De fait, jusqu'à sa mort en juillet 2016 à l'âge de 85 ans, il a exercé sa fonction avec détermination.

Michel Rocard s'était illustré dans la défense de l'Antarctique à la fin des années 1980. Alors chef du gouvernement français, il s'était opposé, en compagnie de son homologue australien, Robert Hawke, à la volonté néo-zélandaise d'entamer l'exploration du sous-sol du continent blanc. Ce double refus avait été approuvé par les États-Unis, la Chine et l'Union soviétique. Il avait enterré *de facto* tout projet minier.

Grâce à la mobilisation initiée en 1990 depuis le Musée océanographique de Monaco par le commandant Jacques-Yves Cousteau, qui mena une campagne internationale de mobilisation citoyenne, et avec le soutien de François Mitterrand, président de la République de l'époque, le protocole de Madrid déclarant l'Antarctique « réserve naturelle consacrée à la paix et à la science », avec interdiction de toute exploitation jusqu'en 2048, fut signé en 1991.

Quelques mois avant son décès, lors de la présentation d'une feuille de route pour l'Arctique, Michel Rocard s'était confié sur son bilan. Il s'était dit fier de l'action qu'il avait poursuivie en Antarctique, avec de nouvelles adhésions au protocole de Madrid. En Arctique, il avait reconnu de bien moindres résultats. Ainsi, il avait dû vite renoncer à toute idée de sanctuarisation du pôle Nord, rejetée par l'ensemble des pays riverains. La situation exceptionnelle de l'Antarctique ne peut se transposer facilement en Arctique, un océan enserré par des États riverains bien décidés à affirmer leurs droits.

Michel Rocard aux côtés de S.A.S le prince Albert II de Monaco et de Robert Calcagno, directeur général de l'Institut océanographique, en 2012, lors de la conférence commémorative de la découverte du pôle Sud.

LA GOUVERNANCE INTERNATIONALE DES PÔLES

Témoignage d'Olivier Poivre d'Arvor, ambassadeur des pôles et des enjeux maritimes

L'histoire comme la géographie ont fait des régions polaires des objets singuliers au regard des relations internationales. Le traité sur l'Antarctique, signé à Washington en 1959 et dont la France a accueilli en 2021 la 43e réunion consultative, a fondé un système de gouvernance internationale unique en son genre. Complété notamment en 1991 par le protocole de Madrid sur la protection de l'environnement, il a consacré l'Antarctique comme un continent protégé, réservé aux usages pacifiques et à la science. C'est un exemple inspirant de ce que peut accomplir « le concert des Nations » lorsqu'il traite les enjeux globaux par la concertation plutôt que par le simple rapport de force.

Il nous appartient, au XXIe siècle, d'entretenir et de faire vivre ce modèle pour répondre aux défis auxquels la communauté internationale est aujourd'hui confrontée. Qu'il s'agisse de préserver l'environnement et la biodiversité, de lutter contre le changement climatique ou d'assurer l'efficacité du multilatéralisme, la voix et l'engagement de chaque pays comptent et peuvent faire la différence.

Pour autant, le cas de l'Antarctique n'est pas directement transposable à l'Arctique. Certes, les deux régions polaires présentent des similitudes quant à leur climat, à la coopération internationale en matière de recherche scientifique, ou encore à l'application du droit international. Mais l'Arctique se distingue par sa répartition entre un océan et trois continents ainsi que par la présence de huit États distincts, avec leurs populations, leurs installations et leurs activités. Les enjeux y sont donc à la fois ceux de ces pays et ceux d'autres États plus éloignés mais liés à l'Arctique par des interactions environnementales, économiques, humaines ou géopolitiques. Le format du Conseil de l'Arctique l'illustre d'ailleurs fort bien : autour de sa table sont réunis les gouvernements des États arctiques et les représentants des populations autochtones, auxquels s'ajoutent en tant qu'observateurs les États et organisations internationales également concernés par l'état et l'avenir de l'Arctique.

Dans un contexte international plus large souvent perçu comme tendu, peut-on espérer que dans l'Arctique, également, la concertation multilatérale permette de surmonter les divergences et rivalités au profit d'un intérêt général ? C'est assurément une tâche ardue mais pas un objectif inaccessible. L'accord de 2011 sur les recherches et secours dans l'Arctique en offre la démonstration : en le ratifiant, les huit États arctiques ont dissocié la question de leurs revendications territoriales de celle, prioritaire car littéralement vitale, de l'assistance aérienne et maritime dans l'extrême Nord.

L'Arctique comme l'Antarctique offrent donc la possibilité aux gouvernements, déjà largement poussés dans cette voie par leurs citoyens, d'agir conjointement pour préserver des éléments essentiels au bon fonctionnement de notre planète, tels que la qualité de son environnement et l'efficacité de sa gouvernance internationale.

Olivier Poivre d'Arvor, ambassadeur des pôles et des enjeux maritimes pour la France, aux côtés de S.A.S. le prince Albert II de Monaco.

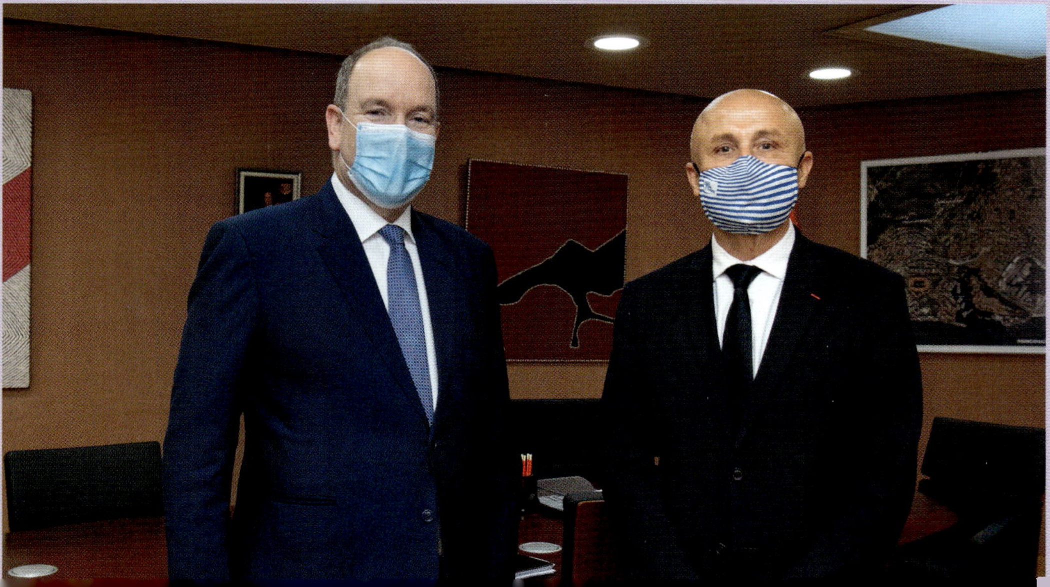

plus tard à la création du Conseil de l'Arctique. Celui-ci intègre des associations environnementales et des pays observateurs, dont la France et la Chine, qui se définit aujourd'hui comme un pays « quasi arctique » et entend développer sa route de la soie arctique. Jusqu'à sa mort, en 2016, Michel Rocard y représentait la France. Sans se bercer d'illusions sur son influence. « *C'est la seule réunion internationale*, ironisait-il, *où je vais présenter mes respects à la direction, m'asseoir sur mon banc et écouter bien sagement sans pouvoir prendre la parole.* »

Entre grandes puissances et membres du Conseil de l'Arctique, le bras de fer ne cesse aujourd'hui de se durcir. Après avoir renoncé à « acheter le Groenland » (une idée de Donald Trump qui stupéfia la planète), les États-Unis, sous Joe Biden, appellent en Arctique à une « coopération pacifique en matière de climat et d'avancées scientifiques ». La Russie est attentive à conserver ou à affirmer ses prérogatives. Car elle considère avec grande attention une région qui lui procure déjà 20 % de son produit intérieur brut et où elle occupe une position déterminante, avec 53 % de l'espace côtier et la moitié de la population vivant à l'intérieur du cercle polaire. « *Nous voyons des critiques sur le fait que la Russie développe son activité militaire dans l'Arctique*, a asséné en avril 2021 son ministre des Affaires étrangères, Sergueï Lavrov. *Mais il est clair pour tout le monde, depuis longtemps, que ce sont nos terres.* » Dans ce rapport de force aux relents de guerre froide, le Conseil de l'Arctique peut-il encore jouer un rôle de médiateur ou d'arbitre ?

Chasseur inuit scrutant l'horizon à la recherche d'une proie. Quelle avenir pour la tradition inuite face à la mondialisation et au changement climatique ?

Ci-dessus
Coucher de soleil sur le chenal Lemaire, (Antarcique). Le traité sur l'Antarctique sera-t-il reconduit au-delà de 2048 ?

Double page suivante
Ce léopard de mer (*Hydrurga leptonyx*) et ses congénères pourront-ils continuer à vivre en paix ?

L'ANTARCTIQUE TRANQUILLE… JUSQU'EN 2048

Loin des turbulences politico-militaires affectant son faux jumeau du Nord, l'Antarctique paraît couler une vie tranquille. Le traité sur l'Antarctique lui garantit un statut de réserve naturelle, une utilisation pacifique réservée à la science. Mais ce texte n'a pas gravé de tels principes dans le marbre. Ratifié par une cinquantaine de nations, il a seulement gelé les revendications territoriales de sept pays, dont la France. Il a décrété un moratoire sur l'exploitation des ressources minérales et non une interdiction pure et simple. Et il n'inclut pas les zones de haute mer.
Si le traité sur l'Antarctique possède en principe une durée de vie illimitée, son annexe, traitant entre autres de la protection de l'environnement et de la prohibition de toute prospection minière, vient à expiration en 2048. En janvier de cette année-là, le protocole de Madrid pourra être rediscuté sur demande de l'un des pays signataires. L'occasion de tout remettre en cause, de se partager le continent blanc et de faire main basse sur des richesses qui seraient enfin exploitables ? Plusieurs garde-fous ont été instaurés, comme la nécessité pour toute modification du protocole d'un vote à l'unanimité des pays signataires. Seront-ils suffisants ? Parmi d'autres pays, la Chine et la Russie sont suspectées de lorgner avec insistance sur les ressources de l'Antarctique. Est-ce un signe avant-coureur ? L'une ou l'autre bloquent le processus d'extension d'un réseau de réserves naturelles dans l'océan Austral, visant à restreindre la pêche industrielle, à ne pas épuiser les stocks de krill et de légines.

EN ANTARCTIQUE, UN VÉHICULE PROPRE CONSTRUIT POUR UN PRINCE

Un véhicule polaire innovant, à zéro émission, doit fouler l'Antarctique à la fin 2021. Conçue par la société monégasque Venturi, cette chenillette à propulsion électrique est utilisée par les scientifiques de la station belge Princesse Élisabeth. Son histoire est doublement singulière.

Premier véhicule propre destiné aux contrées extrêmes, Antarctica répond aux souhaits du prince Albert II de Monaco. Lors d'une visite en Antarctique courant 2009, le souverain avait constaté que des véhicules polluants transportaient, même sur de courtes distances, les scientifiques et leur matériel. Venturi a souhaité mettre fin à cet anachronisme, en relevant un défi technologique correspondant à sa nouvelle vocation. Neuf ans plus tôt, cette société de construction de voitures de sport d'origine française avait été rachetée par le Monégasque Gildo Pastor, qui l'avait transférée en Principauté et orientée vers une motorisation exclusivement électrique.

Un premier, puis un second prototype d'Antarctica ont vu le jour. Ils ont été testés dans les stations de sports d'hiver des Alpes-Maritimes de Gréolières et d'Auron, puis par le prince Albert II lui-même lors d'un raid en mars 2019 dans la province canadienne de Colombie-Britannique. Le premier prototype rejoindra l'Antarctique en octobre 2021.

Antarctica peut embarquer six personnes et atteindre – sur des terrains difficiles – une vitesse de 25 km/h. Le véhicule et ses batteries sont censés résister à des températures de – 60 °C. Son autonomie est de 50 km, ce qui le destine, non à des raids, mais aux allers-retours des chercheurs entre leur base et leurs lieux d'études.

S.A.S. le prince Albert II de Monaco aux côtés de Gildo Pastor, président de Venturi, lors de la présentation de l'*Antarctica III* le 1er juin 2021.

LE PIRE N'EST JAMAIS CERTAIN

Militarisation et fonte accélérées de l'Arctique, disparition de la banquise, montée inexorable du niveau de l'Océan, surpêche en Antarctique, pollution, espèces emblématiques en danger d'extinction… Ces perspectives n'incitent guère à se montrer optimiste sur l'avenir des régions polaires. D'autant qu'au fil des ans et des études, la gravité des différentes menaces est souvent revue à la hausse. Ainsi, le réchauffement en Arctique semble avoir franchi un nouveau palier. Depuis la fin du mois de mai 2021, il apparaît aux scientifiques comme trois fois supérieur à celui du reste de la planète, après avoir été évalué les années précédentes comme « seulement » deux fois plus élevé. Les craintes sont d'autant plus vives que les richesses supposées du sous-sol en Arctique, et dans une moindre mesure en Antarctique, nourrissent les convoitises. Elles incitent de grandes nations à placer leurs pions en vue de futures exploitations, quitte à piétiner leurs propres déclarations sur la nécessité de préserver ces derniers espaces vierges et d'y freiner les effets du dérèglement climatique.

Cependant, le pire n'est jamais certain, et c'est pour cela qu'il ne faut pas s'y résigner. L'opinion publique mondiale montre la voie. Peu à peu impactée par le réchauffement dans sa vie quotidienne, elle est de plus en plus sensible aux enjeux environnementaux. Et son poids grandit, tant auprès des gouvernants que de différents acteurs économiques. Le gouvernement des États-Unis a tourné le dos au climato-scepticisme de l'ère Trump. La Chine, confrontée à une pollution aux lourdes conséquences économiques et sanitaires, annonce des objectifs ambitieux en matière de lutte contre les gaz à effet de serre. Des banques et de grands groupes industriels se sont récemment retirés de projets jugés destructeurs pour la nature.

Ces dernières années, l'attention a été attirée sur les pôles par les scientifiques et les médias. Ces régions si vulnérables, et si importantes pour la régulation du climat, pourront-elles se développer économiquement sans nuire gravement aux populations autochtones et à leur environnement ? Pourront-elles accueillir un tourisme responsable, apportant des devises et non des nuisances ? Si ces enjeux concernent aussi le reste du monde, ils seront encore plus décisifs près des pôles, gardiens des grands équilibres de notre Terre.

Ci-contre
Les mondes polaires, des paysages et des écosystèmes en voie de disparition ? Ne nous résignons pas ! Ici, jeune phoque du Groenland (*Pagophilus groenlandicus*) aux îles de la Madeleine (golfe du Saint-Laurent, Québec).

Double page suivante
Le glacier de Monaco, nommé ainsi en hommage au prince Albert Ier de Monaco, dans le nord-ouest du Spitzberg.

SOURCES DES INFOGRAPHIES

Trajets mythiques en Arctique (page 16), **La course au pôle Nord** (page 21), **En route vers le pôle Sud** (page 24)
- *Atlas des explorations et des découvertes*. P. Mérienne. Éditions Ouest-France (2005)
- *Living Ice*, Exhibition catalogue (2015). The Polar Museum, Tromsø (Norvège)
- *Les Mondes* polaires. M. Mered. Presses universitaires de France (2019).

La vie autour des pôles (page 49)
- *Vie sauvage des pôles*. F. Genevois. Glénat (2018).

Distribution de la chaleur par l'Océan (page 39), **Circulation dans l'océan Austral** (page 40)
- *The Biggest Chill*. W.S. Broecker. *Natural History*, 96 : pp.74-82 (1987).
- www.ocean-climate.org
- https://storymaps.arcgis.com/stories/756bcae18d304a1eac140f19f4d5cb3d
- *Science & Vie* n° 257, hors-série, décembre 2011, p. 94.

Formation de la banquise (page 76 haut), **Fonte de la banquise et amplification du réchauffement** (page 76 bas), **Formation de la calotte glaciaire et des icebergs** (page 77 haut), **Fonte de la calotte glaciaire et élévation du niveau de la mer** (page 77 bas)
- *Banquise – Une histoire naturelle et humaine*. F. Genevois et A. Bidart. Éditions Quæ (2018).
- *Terre sauvage* Spécial Pôles, n° 226, avril 2007.

Cycle vertueux d'une chaîne alimentaire simplifiée (pages 56-57)
- *The Nature of Nature : Why We Need the Wild*. E. Sala. National Geographic (2020).
- *Antarctique, une explosion de vie*. Préface Y. Frenot. Catalogue d'exposition. Muséum d'histoire naturelle du Havre et MkF (2013).
- *La Protection des krills en Antarctique*. Fiche de renseignement de PEW Charitable Trusts, 3 pages (2014).

Les aires marines protégées en Antarctique (page 111)
- https://www.ccamlr.org

Réchauffement climatique : les effets globaux (page 99), **Réchauffement climatique : impacts locaux** (pages 124-125)
- "Challenges and perspectives for human activity in Arctic coastal environments – a review of selected interactions and problems". M. W. Jaskólski. *Miscellanea Geographica – Regional Studies on Development*, 25(2), 127-143 (2021).
- *Océan et changement climatique : les nouveaux* défis. Focus sur 5 grands thèmes du rapport Spécial « Océan et Cryosphère ». Plateforme Océan et Climat, 40 pages (2019).
- *Désoxygénation des océans : le problème de chacun. Causes, impacts, conséquences et solutions. Résumé à l'attention des décideurs*. D. Laffoley et J. M. Baxter. UICN, 28 pages (2019).

LIVRES ET REVUES

- *Les Animaux des pôles*. M. P. et A. Minelli. Nathan Jeunesse, 80 pages (1986).
- *Antarctica !* – L. Jacquet. Paulsen, 256 pages (2016).
- *L'Antarctique*. C. Lorius et R. Gendrin. Flammarion, Collection « Dominos », 128 pages, (1997).
- *L'Antarctique – La mémoire de la Terre vue de l'espace*. F. Rémy. CNRS, 179 pages (2003).
- *Antarctique, une explosion de vie*. Préface Y. Frenot. Catalogue d'exposition. Muséum d'histoire naturelle du Havre et MkF (2013).
- *Antarctica and the Arctic : The Complete Encyclopedia*. D. McGonigal & L. Woodworth. Firefly Books, 608 pages (2001).
- *L'Aventure polaire – Cinq siècles de présence française*. P. Averous. MNHN, catalogue d'exposition, 46 pages (1997).
- *Au royaume des glaces, l'impossible voyage de la* Jeannette. W. Hampton Sides. Paulsen, 512 pages (2018).
- *Conquêtes antarctiques*. G. Jacques et P. Tréguer. CNRS Éditions, 236 pages (2018).
- *Les Derniers Rois de Thulé*. J. Malaurie. Plon, collection « Terre humaine », 325 pages, (1955).

• *L'Erebus : Vie, mort et résurrection d'un navire.* M. Palin. Paulsen, 391 pages (2020).
• *Histoire de la glaciologie*. F. Rémy. Préface I. Autissier et É. Orsenna. Vuibert, 176 pages (2007).
• *Histoire des mers australes.* J.-R. Vanney. Fayard, 738 pages (1986).
• *Jean-Baptiste Charcot, pionnier des mers polaires*. S. Kahn. Glénat et La Société de Géographie, 320 pages (2008).
• *Les Glaces polaires : Pour les générations futures* – Une exposition du Musée océanographique de Monaco (2009).
• *Le Grand Défi des pôles*. B. Imbert et C. Lorius. Gallimard, collection « Découvertes Gallimard », 160 pages (2006).
• *Histoire universelle des explorations*, Tome IV. *Époque contemporaine*. J. Rouch, P.-E. Victor et H. Tazieff. Nouvelle Librairie de France, 446 pages (1955).
• « Les poissons antigel de l'océan Austral ». G. Lecointre et C. Ozouf-Costaz. *Pour la Science*, n° 320, pp. 48-54 (2004).
• *Lettre à un Inuit de 2022*. J. Malaurie. Fayard, 168 pages (2019).
• *Les Mondes* polaires. M. Mered. Presses universitaires de France, 524 pages (2019).
• *The Nature of Nature : Why We Need the Wild*. E. Sala. National Geographic (2020).
• *L'Océan à découvert*. A. Euzen, F. Gaill, D. Lacroix et P. Cury. CNRS Éditions, 321 pages (2017).
• *Paul-Émile Victor : le rêve et l'action*. D. Victor et S. Dugast. Paulsen, 216 pages (2020).
• *Terre sauvage* Spécial Pôles, n° 226, avril 2007.
• *Vie sauvage des pôles*. F. Genevois. Glénat, 160 pages (2018).
• *Voyages au bout du froid – Les 8 pôles de Frederik Paulsen*. T. Meyer et C. Buffet. Paulsen, 319 pages (2014).

QUELQUES RÉFÉRENCES SCIENTIFIQUES

• Bates, P. (2010). *Développement durable de la région arctique*. Unesco, 420 pages.
• Heuzé, C. (2015). *Analyse de la variabilité interannuelle de la couche de mélange de l'océan Austral*. Mémoire de Master, LOCEAN-IPSL & École centrale de Nantes.
• Hogg, C. J., Lea, M. A., Soler, M. G., Vasquez, V. N., Payo-Payo, A., Parrott, M. L. et Brooks, C. M. (2020). "Protect the Antarctic Peninsula – before it's too late". *Nature*, oct. 2020, n° 586 (7830), pp. 496-499.
• *Climate Change 2014 : Synthesis Report. Contribution of Working Groups I, II and III to the Fifth Assessment Report of the Intergovernmental Panel on Climate Change*. Core Writing Team, R.K. Pachauri and L.A. Meyer (eds.). IPCC, 151 pages (2015).
• Jaskólski, M. W. (2021). "Challenges and perspectives for human activity in Arctic coastal environments – a review of selected interactions and problems". *Miscellanea Geographica – Regional Studies on Development*, *25*(2), 127-143.
• Le Bras, Y. (2017). *L'éléphant de mer austral, bio-échantillonneur de la distribution des ressources marines*. Thèse de doctorat, université de La Rochelle, 401 pages.
• *Résumé à l'intention des décideurs, Rapport spécial du GIEC sur l'Océan et la cryosphère dans le contexte du changement climatique*. Sous la direction de H.-O. Pörtner, D.C. Roberts, V. Masson-Delmotte, P. Zhai, M. Tignor, E. Poloczanska, K. Mintenbeck, M. Nicolai, A. Okem, J. Petzold, B. Rama et N. M. Weyer. Groupe d'experts intergouvernemental sur l'évolution du climat, 39 pages (2019).
• Picard, B. (2017). *Les éléphants de mer auxiliaires d'étude à la description de l'océanographie physique et à l'écologie marine*. Diplôme de l'École pratique des hautes études, 107 pages.
• *Océan et changement climatique : les nouveaux* défis. Focus sur 5 grands thèmes du rapport Spécial « Océan et Cryosphère ». Plateforme Océan et Climat, 40 pages (2019).
• Wolff, E. W., Barbante, C., Becagli, S., Bigler, M., Boutron, C. F., Castellano, E. et Wegner, A. (2010). "Changes in environment over the last 800,000 years from chemical analysis of the EPICA Dome C ice core". *Quaternary Science Reviews*, 29(1-2), 285-295.

WEBOGRAPHIE

• Site officiel de l'explorateur Jean-Louis Étienne : https://www.oceanpolaire.org
• Site officiel de la Commission pour la conservation de la faune et la flore marines de l'Antarctique : https://www.ccamlr.org/fr/organisation/page-daccueil

- Site de l'expédition MOSAIC, projet conçu par un consortium international d'institutions de recherche polaire de premier plan, dirigé par l'institut Alfred-Wegener, Centre Helmholtz pour la recherche polaire et marine (AWI) : https://mosaic-expedition.org
- Site des expéditions de la Fondation Tara Océan développant une science de l'Océan ouverte, innovante et inédite, qui nous permettra demain de prédire, anticiper et mieux gérer les risques climatiques : https://oceans.taraexpeditions.org
- Site officiel de Claude Lorius, chercheur, glaciologue, mais avant tout aventurier de l'Antarctique : http://www.claude-lorius.com/
- Site de Samuel Blanc et Agnès Brenière, guides, conférenciers, photographes, tous deux spécialisés dans les régions polaires : https://www.sblanc.com/les-premieres-images-et-photographies-aeriennes-de-l-antarctique/
- Site de l'institut de l'Océan, Sorbonne Université, qui a organisé en 2021 un cycle de conférences intitulé « L'Arctique : un océan du XXIe siècle ? » : https://institut-ocean.sorbonne-universite.fr/

FILMOGRAPHIE

- *Antarctica, sur les traces de l'empereur*, réalisé par Jérôme Bouvier, 90' (2016).
- *Antarctique – Un continent en alerte*. Palais de Monaco. 54' (2009).
- *Cap sur le pôle Nord – L'expédition de S.A.S. au pôle* Nord. Palais de Monaco, 22' (2006).
- *Le Monde en face – Arctique, la guerre du pôle*, réalisé par Agnès Hubschman, 87' (2020).
- *Les secrets des animaux des glaces*, réalisé par Jérôme Bouvier et Marianne Cramer, 52' (2016).
- *La Terre perd le nord*, réalisé par Stéphane Nicolopoulos, 52' (2010).

MISSION POLAIRE

EN 2022, PARTEZ EN MISSION POLAIRE AVEC L'INSTITUT OCÉANOGRAPHIQUE

Découvrez l'ensemble des activités organisées par l'Institut océanographique : colloques, conférences, activités pédagogiques, ainsi que la grande exposition immersive « Mission polaire ».
www.oceano.org

À PROPOS DE CE LIVRE

Cet ouvrage est publié dans le cadre de la collection « Institut océanographique » et sous l'autorité des instances dirigeantes et consultatives de l'Institut océanographique, Fondation Albert Ier, Prince de Monaco.

Experts ayant contribué à cet ouvrage et au programme de l'Institut océanographique ou conseillé l'auteur pour la compréhension des régions polaires

- Gilles Bessero, directeur des Explorations de Monaco
- Antje Boetius, directeur de l'Institut Alfred-Wegener, Centre pour la recherche polaire et marine, université de Brême
- Fabrice Brouwers, responsable de la communication, Venturi & Voxan
- Jan Bryde, Poseidon Expeditions
- Jérôme Chappellaz, directeur de recherche au CNRS et directeur de l'Institut polaire français Paul-Émile-Victor (IPEV)
- Steeve Comeau, chercheur au CNRS, Laboratoire d'océanographie de Villefranche-sur-Mer
- Olaf Eisen, glaciologue, Institut Alfred-Wegener, Centre pour la recherche polaire et marine, université de Brême
- Jean-Louis Étienne, médecin et explorateur
- Yves Frenot, biologiste, ancien directeur de l'IPEV
- Hervé Gastinel, président de la Compagnie du Ponant
- Christophe Guinet, directeur de recherche, Centre d'études biologiques de Chizé
- Alexei Gvishani, directeur du Centre de géophysique, Académie des sciences de Russie
- Kim Holmen, directeur international, Norwegian Polar Institute
- Daniel Hooft, cofondateur de Kelp Blue
- Lisa Koperqualuk, vice-présidente, Conseil circumpolaire inuit
- Pascal Lamy, président honoraire de l'Institut Jacques-Delors et président du Forum mondial de la mer
- Casimir de Lavergne, océanographe, laboratoire LOCEAN, Sorbonne Université
- Aaron Lawton, directeur des opérations, One Ocean Expeditions
- Céline Le Bohec, chargée de recherche à l'Institut pluridisciplinaire Hubert-Curien et au Centre scientifique de Monaco
- Yvon Le Maho, directeur de recherche au CNRS, à l'Institut pluridisciplinaire Hubert-Curien

- Christian de Marliave, directeur scientifique, éditions Paulsen
- Mikaa Mered, enseignant à l'Institut libre d'étude des relations internationales (ILERI)
- Denis Mercier, professeur, UFR de géographie et d'aménagement, Sorbonne Université
- Eugene Morozov, chef de laboratoire, Institut d'océanologie Shirshov, Académie des sciences de Russie
- John Nightingale, ancien directeur de l'aquarium de Vancouver
- Frederik Paulsen, président honoraire du conseil d'administration de Ferring Pharmaceuticals, explorateur
- Olivier Poivre d'Arvor, ambassadeur des pôles et des enjeux maritimes
- Geneviève Pons, Institut Jacques-Delors, Antarctica2020
- Jean-Emmanuel Sauvée, président d'Armateurs de France et ancien président de la Compagnie du Ponant
- Nikolay Savelyev, Poseidon Expeditions
- Romain Troublé, directeur exécutif chez Fondation Tara Océan
- Christine Valentin, directrice exécutive du World Ocean Council-Europe

REMERCIEMENTS

- Palais princier
- Gouvernement Princier de la Principauté de Monaco
- Fondation Prince Albert II de Monaco
- Les Explorations de Monaco
- Association des Amis du Musée océanographique de Monaco
- Institut polaire français Paul-Émile-Victor
- Institut Alfred-Weneger, Centre pour la recherche polaire et marine
- Compagnie du Ponant
- Mercator Ocean International
- Nasa
- Nathalie et Alain Antognelli, photographes, Photo Team Nature
- Filip Kulisev, photographe, Amazing Planet
- Greg Lecoeur, photographe
- Stéphane Nicolopoulos, réalisateur
- Didier Théron, photographe
- Simon Thurgood, photographe

Mécènes et sponsors de l'Institut océanographique

- Fondation Prince Albert II de Monaco
- Biotherm
- Rolex
- Ferring International Center SA
- CFM Indosuez

CRÉDITS PHOTOGRAPHIQUES

Alfred-Wegener-Institut: 81 haut
Alfred-Wegener-Institut/Lisa Grosfeld (licence CC BY 4.0): 19 bas
Nathalie & Alain Antognelli/phototeam-nature.com: 129
S.E. Arndt/Juniors/Biosphoto: 84
Franco Banfi/Biosphoto: 96
Glenn Bartley/BIA/Minden Pictures/Biosphoto: 47 (2)
Mr L. C. Bernacchi/Royal Geographical Society – Agence/Biosphoto: 25 bas
Samuel Blanc/Biosphoto: 74 gauche, 92 (1)
Gérard Bodineau/Biosphoto: 47 (1), 55
Dan Burton/Robert Harding Picture Library/Biosphoto: 65
Robert Calcagno: 8, 61
Leonello Calvetti/Stocktrek Images/Biosphoto: 44
Roberto Cassi/AIEA: 23 bas
Nicolas Chatelain/Institut polaire français: 93
Page Chichester/Poseidon Expeditions: 20, 46, 48 haut, 97, 117 bas
Coll. Institut océanographique: 23 milieu gauche et droite, 30
Ashley Cooper/Robert Harding Picture Library/Biosphoto: 62-63, 79 (3)
Copernicus Marine Service et Mercator Ocean International: 75 bas
Sylvain Cordier/Biosphoto: 74 droite
Bill Coster/Photoshot/Biosphoto: 102 haut
Gerald Cubitt/Photoshot/Biosphoto: 106
Michel Dagnino/Institut océanographique: 23 haut, 95, 127
Jean-Philippe Delobelle/Biosphoto: 105 bas
Tui De Roy/Minden Pictures/Biosphoto: 29 haut, 36
Domaine public (source Wikipédia): 14, 17 bas, 18, 19 haut, 86
DR: 40
Dickie Duckett/FLPA – Frank Lane Picture Agency/Biosphoto: 92 (3)
Dickie Duckett/FLPA/Minden Pictures/Biosphoto: 89
Jean-Louis Étienne (Wikipédia, licence CC BY-SA 4.0): 43
Jean-Paul Ferrero/Auscape/Biosphoto: 58 haut
Sue Flood/Robert Harding Picture Library/Biosphoto: 102 bas
Nicolas Gasco/Biosphoto: 109
Alberto Ghizzi Panizza/Biosphoto: 87
GNS Science/SSPL – Science & Society Picture Library/Biosphoto: 29 bas
Michel Gunther/Biosphoto: 104
Sergio Hanquet/Biosphoto: 17 haut
Institut polaire français: 82
Raphaël Joanisse-Clément (Wikipédia, licence CC BY-SA 3.0): 122-123
Ton Koene/Lineair Fotoarchief/Biosphoto: 121
Ton Koene/Visual and Written – Photo Collection/Biosphoto: 60
Thomas Krämer/imageBROKER/Biosphoto: 15
Olaf Krüger/imageBROKER/Biosphoto: 64
Filip Kulisev: 136-137
Ivan Kuzmin/imageBROKER/Biosphoto: 66
Francis Latreille/Fondation Tara Océan: 119
Greg Lecoeur: 132-133
Martin Lipman/Students on Ice: 117 haut
Antoine Lorgnier/Biosphoto: 41
Denis Mercier: 80 (photo de 2016)
Hiroya Minakuchi/Minden Pictures/Biosphoto: 53
Colin Monteath/Hedgehog House/Minden Pictures/Biosphoto: 100
Andy Murch/Biosphoto: 52 bas
NASA/Jeff Schmaltz/Photo Researchers/Biosphoto: 78
NASA Earth Observatory/Photo Researchers/Biosphoto: 75 haut
NASA's Scientific Visualization Studio/Photo Researchers/Biosphoto: 31
Flip Nicklin/Minden Pictures/Biosphoto: 54 haut, 58 bas, 88
Norsk Polar Institute: 80 (photo de 1936)
Frederique Olivier/Hedgehog House/Minden Pictures/Biosphoto: 50 (1)
Palais princier de Monaco: 7, 21, 128
Jean-Jacques Pangrazi/Biosphoto: 103
Noëlie Pansiot/Fondation Tara Océan: 118
Elsa Peny: 42
Sergio Pitamitz/Biosphoto: 9, 130
Polepictures: 26, 27
PONANT/François Lefebvre: 116 haut
Jean-Baptiste Pons/IPEV/Biosphoto: 34, 35
J. Ritterbach/Juniors/Biosphoto: 48 bas
Jeffrey Rotman/Biosphoto: 107
Royal Geographical Society/Royal Geographical Society – Agence/Biosphoto: 25 haut
Michael Runkel/imageBROKER/Biosphoto: 67
Raphaël Sané/Biosphoto: 12, 17 milieu, 45, 70, 90-91
Kevin Schafer/Minden Pictures/Biosphoto: 33
John Shaw/Photoshot/Biosphoto: 50 (3), 79 (1)
Franka Slothouber/Nature in stock/Biosphoto: 10
Jürgen & Christine Sohns/imageBROKER/Biosphoto: 135
Paul Souders/Biosphoto: 94
Daniel R. Strebe (Wikimedia Commons, licence CC BY-SA 4.0): 11
Jean-Baptiste Strobel/Biosphoto: 114-115
David Tipling/Biosphoto: 68-69, 108, 112
Steve Trewhella/FLPA – Frank Lane Picture Agency/Biosphoto: 52 haut
Robert Valarcher/Biosphoto: 79 (2), 105 haut
Venturi: 131
Thibaut Vergoz/Biosphoto: 71
Thibaut Vergoz/Institut polaire français: 81 bas, 83
Thierry Vezon/Biosphoto: 72
David Williams/BIA/Biosphoto: 47 (3)
Norbert Wu/Minden Pictures/Biosphoto: 50 (2), 54 bas, 59
Jim Zipp/Ardea/Biosphoto: 92 (2)

Première de couverture: Yva Momatiuk and John Eastcott/Minden Pictures/Biosphoto
Quatrième de couverture, de gauche à droite et de haut en bas: Frederique Olivier/Hedgehog House/Minden Pictures/Biosphoto; Filip Kulisev; Raphaël Sané/Biosphoto; Ashley Cooper/Robert Harding Picture Library/Biosphoto; Alberto Ghizzi Panizza/Biosphoto; Thomas Krämer/imageBROKER/Biosphoto
Premier rabat de couverture: Béatrice Calcagno

Achevé d'imprimer en Slovénie en novembre 2021 par MA-TISK,
sur papier provenant de forêts gérées de manière durable.